U0070781

當心理學遇到腦科學 ①

大腦如何感知這個世界

文／陳偉任
圖／李佳燕

作者序

　　禪宗《指月錄》記載了青原惟信禪師曾對門人說過的一段話:「老僧三十年前未參禪時,見山是山,見水是水。及至後來親見知識,有個入處;見山不是山,見水不是水。而今得個休歇處,依前見山只是山,見水只是水。」這一段話,似乎也很貼切地描述了我這二十多年來臨床執業生涯的歷程。

　　第一重境界,二十五年前,我從醫學院畢業。相對於許多科系的畢業生,其畢業後面臨的第一個困擾,通常是生涯職業抉擇的難題。醫學院的畢業生,在其畢業後絕大部分都不用考慮地就抉擇了醫療職場,我也不例外。接下來的故事,我想你也可以猜得到,以科學為基礎、嚴謹、實事求是的精神醫療訓練,讓我在面對病人做心理問題的診斷時,很自然地就會以疾病觀點來看待來求診病人的困擾問題。在那個時候,我的頭腦並沒有太多複雜的理論架構,所有的判斷只要依據《精神疾病診斷與統計手冊》(The Diagnostic and Statistical Manual of Mental Disorders,簡稱DSM)為準則就可以了。理解病人,總是帶著DSM黃金診斷的客觀準則來做判斷,僅僅停留於病人表面問題的分析。二十五年前的我,見山是山,見水是水。

第二重境界，十五年前，因緣際會闖入了諮商心理學界，一眨眼我也取得了諮商心理研究所碩士與博士的學歷。十多年心理學的學習與洗禮，讓我開始好奇探究人事物的本質。透過不同學派心理學的觀點，我對人、事、物的感受，不再只是停留於表面客觀專家建議的疾病描述條文而已，取而代之是，不同心理學派對這個世界人、事、物豐富主觀的詮釋。這個時候的我，見山不是山，見水不是水。

　　第三重境界，五年前，也大約是我四十五歲的時候。有一段時間，特別是在夜深人靜、一個人獨處夜晚，自己很容易陷入思考人生下一個階段該做些什麼的氛圍。在一次期刊文獻閱讀的時候，不經意地赫然發現，原來腦科學與心理學也可以有那麼多的連結。於是，又開始對於腦科學有了探索的興趣。這個階段的我，對於腦科學研讀的起心動念，和二十五年前剛進入精神醫療的我很不一樣。當時是為了考取精神專科醫師執照而研讀，而現在我的閱讀，源自於是自己的喜愛。每當閱讀到腦科學與心理學的交集，心中總會激起心理學所說的「Aha！」頓悟的體驗。那是一種見山又是山，見水又是水的感受。

　　心理學與腦科學，原來距離也沒有那麼的遠。於是，有了這本書撰寫的發想。

繪者序

　　首先要感謝陳偉任醫師的邀請，讓我有機會參與這本書的出版，在與偉任醫師討論說明之後，發現腦科學與心理學之間有許多相關聯的地方，甚至彼此之間在臨床實務上有其相互運用的必要性，而兩者龐大且複雜的知識，要加以了解與消化實非易事，在偉任醫師的用心整理撰寫之下，相信讀者可以收穫不少，在此我們將文字與圖畫相互結合，以傳達更容易理解的概念。

　　大腦可以算是人類最奧祕的器官，腦部最神奇的能力在於能夠適應所處環境帶來的情況給予反應，讓我們理解外在世界事務與感知內在心理變化，此等感知與理解的過程牽涉許多的大腦腦區、神經核、神經系統、無數感官的作用、以及心理層次的運作所達成。

　　本書繪圖除了以素描腦神經解剖結構出發，說明腦功能科學的相關位置及機制，也輔以電繪插圖說明不同的情境處遇，透過不同的繪畫表現形式，輔助說明腦科學與心理學的運作，期望藉由繪圖及圖像的表達，讓讀者能夠更容易理解。

目錄CONTENTS

前言

在華人的世界裡，早在幾千年前就曾出現許多偉大的思想家（例如：老子、莊子、孔子等），嘗試描繪及歸類了人類內心世界的運作以及外顯行為的表現，也出現了像是易經、老莊、儒家思想等寶貴的人生哲學。

上述的人生哲學，或多或少都融入在你我日常的生活經驗中，比方說，我們所熟知的「吾十有五而志於學，三十而立，四十而不惑，五十而知天命，六十而耳順，七十而從心所欲，不逾矩」、「欲速則不達」、以及「謙受益、滿招損」等人生哲學。這些每天影響我們的人生哲學，因為其探究及歸納的方法，並不像西方世界探究事物本質的歷程中，有著較為嚴謹的科學方法論作為論述基礎，導致我們老祖宗所累積的人生智慧，比較難形成一門可以被嚴謹定義、被重複驗證的科學。所以不意外的，今日世界學術主流的心理學，有絕大部分都是西方文化的產物。

然而，即便現今世界的心理領域，已經有著幾百種不同學派的心理學，但因為人類行為有它獨到且相當複雜的心理機制，想透過觀察、歸納與演繹來形成一門科學，也不是那麼容易的一件事。心理學變成一門科學，充其量也只是最近一百多年來的事而已。相對於其他科學，心理學還算是一門相對新興的科學。

那摸不著、看不到的腦功能科學，什麼時候才和心理學擺在一起被相提並論呢？一百多年前，西方三大知名心理學家佛洛伊德、阿德勒、以及榮格，他們有一個共通點，就是他們都有著醫師的專業背景，也曾經嘗試地將腦功能科學與心理學做連結。但因為當時探究腦功能科學的相關技術還不是那麼成熟，導致腦科學及心理學很難有一個比較好的連結論述。

　　人的自由意志，是否是真實？還是只是腦細胞活動所產生的幻象世界？如果以現今的神經科學來看，人類所有的行為表現，都可以說是腦部不同區域彼此相互溝通、合作等電位訊號及化學結構改變，進而表現於外的相對應行為表現。理論上，腦功能科學與心理學，並沒有那麼大的不同。嚴格來說，腦功能科學應該是心理學論述的基礎，而心理學應該是開啟探究腦功能科學的那把鑰匙。沒有腦科學做為基礎的心理學，可能是盲目、錯誤的；沒有心理學做引導的腦科學，可能是空洞、沒有實用價值的。

　　經過了一百多年科學快速的演進，也累積了不少腦科學相關的實證研究結果。雖然，人類的腦依舊還是那麼的複雜，然而，科學界的這些研究發現，也開啟了我們將腦科學與心理學相提並論的一個基礎。在這樣的氛圍下，神經心理學在最近二三十年，就逐漸變成一門越來越多人開始關注的科學了。於是乎，有了這本書的發行，也有了越來越多像你一樣，同時對腦科學與心理學有興趣的讀者們。

總的來說，人因爲有腦，所以才會有所謂的想法和行爲。每天的日常行爲，不管是意識、或者是潛意識的反應，其實都和我們大腦的神經連結有著緊密的關聯。因此，學習從腦科學來看人的行爲表現以及諮商心理學界相關理論，是一件非常有趣的事情。一旦你搞懂腦科學與心理學，你的人生將會變得很不一樣。

　　在你開始閱讀本書之前，有一個要提醒的地方，那就是本書內文中有一些字詞的運用，需要先做個釐清。免得你在閱讀的時候，會有被搞混的狀況發生。本書的內文中，常常會提到的字詞「心理教育（psychoeducation）」「心理諮商（psychological counseling）」與「心理治療（psychotherapy）」，在法規上的規定，可能會有定義上的不同。然而，在臨床實務工作上，當中的差異可能沒有那麼多的不同。有時在心理治療的歷程中，或許也會交替使用到心理教育與心理諮商的相關技巧。因此在本書中，「心理教育」、「心理諮商」與「心理治療」這些詞彙，可能會相互交替被用來表達相似的概念，並不會做太多定義上的區分。

　　另外，坊間也有許多在探討腦功能科學的書籍，雖然談論的焦點，同樣和本書一樣，但本書主要探討腦功能的科學，是聚焦在人類日常生活行爲的表現以及教育與諮商心理學領域會運用到相關腦功能科學的探討，而非像心理衡鑑的書籍比較聚焦於腦傷的影響，或是精神醫學的書籍比較聚焦

於精神疾病與藥物治療。另外，本書還有一個特點，就是本書在腦功能運作相關的描述時，會輔以腦神經功能圖片做說明，這對於神經心理學知識的學習，有很大的助益。

　　本書的內容會分為兩冊，分別為《當心理學遇到腦科學（一）：大腦如何感知這個世界》以及《當心理學遇到腦科學（二）：神經科學於教育與諮商的運用》。《當心理學遇到腦科學（一）：大腦如何感知這個世界》的內容，除了有大腦基本結構與功能的簡介外，還包括有自我意識、記憶與遺忘腦功能運作的介紹，以及早期生命經驗是如何在我們大腦留下印記相關腦科學的說明。另外，也會和大家談談何謂社會腦，以及壓力反應的腦科學。

　　《當心理學遇到腦科學（二）：神經科學於教育與諮商的運用》預計今年下半年出版，第二冊的內容，除了有神經心理教育與諮商基本概念的簡介外，還包括有健康生活好習慣、優質壓力因應策略、延緩老化良方、高效能親職教養祕技、超強記憶訣竅以及精神疾病照護之道等神經心理教育臨床使用的介紹。另外，也會有如何將腦科學運用於心理諮商實務操作的介紹與使用經驗的分享。

何謂神經心理教育／諮商？

　　歷史上，「神經心理（neuropsychology）」這個名詞第一次被提出，是在1949年希伯所著作的書籍《行為的組織：神經心理學理論》中被使用。之後，神經心理學這個名詞就廣為被大眾所使用，並且慢慢地成為正式一門獨立且有系統的學科。許多西方國家的大學，也都把神經心理學列為心理學領域的必修課程。反觀國內在這神經心理學領域的發展，相對落後了許多。即使有一些在探討神經心理的書籍，相較之下偏重於神經心理評估，或是腦傷後的功能復健。

　　早期傳統神經心理學的相關研究，雖然也是關心人的議題，但其關注的重點比較是著重於腦傷或疾病的運用。近日神經心理學的相關研究，在現代腦造影技術的幫忙下，也證實了人類許多問題行為是由於腦神經迴路連結異常所造成的。這促使心理學家重新思考心理症狀的成因，開始關心人類心理健康的議題。現在，有越來越多的助人工作者，開始嘗試運用神經科學研究發現的結果來定義及處理你我日常生活的行為及問題。雖然神經心理教育／諮商的目的是在改變我們的大腦，但它並不直接針對我們的大腦，反而是關注於人們所遇到的生活經歷。

　　神經心理教育／諮商是一種整合性的治療方法，它考慮到心靈、身體、社會互動，以及環境之間動態相互作用對一

個人幸福感的影響。當中的重點特別是以神經科學的基礎為依據，通過瞭解我們的生物學機制（尤其是腦神經科學）、心理過程以及社會互動的影響，制定出一種整體性的治療實踐。因此，神經心理教育／諮商可以被定義為「透過教育與說明，幫助個案對自己心理功能背後的神經運作有所瞭解，進而協助個案減少心理的挫折，以及發展出有效的策略來改善其身心之健康。」也就是說，神經心理教育／諮商是一種結合客觀神經科學以及主觀人際互動經驗，協助個案來理解人腦與心智變化的助人工作模式。

　　包含上述助人概念意涵的助人工作模式，在不同的書籍裡，可能會被命名為不同的名稱，比方說被稱為神經科學心理教育（neuroscience-informed psychoeducation）、神經心理治療（neuropsychotherapy）、神經心理諮商（neurocounseling）、以腦科學為基礎的心理治療（brain-based psychotherapy）等。雖然名稱不同，但大都代表相同意涵。

　　因為神經心理教育／諮商不僅僅會涉及到疾病的處理（例如：憂鬱、焦慮、失眠、失智、成癮、妄想疾患等），也會討論到一般人日常的生活經驗（例如：自我意識、記憶、情緒、壓力反應等），是一種以腦功能科學為基礎跨理論模式的諮商方式。所以，從事神經心理教育／諮商的助人工作者，除了需要懂大腦如何運作的知識外，還需要懂的專業包括有如何運用《精神疾病診斷與統計手冊》來瞭解精神

疾患的表現、以及熟悉不同學門的心理學的臨床運用。本書因篇幅之關係，會聚焦於與心理學相有關聯的腦功能科學之介紹與說明。有鑒於讀者對疾病與心理學的理解程度不一，如果遇到書中提到相關的疾病與心理學有不清楚的地方，就需要請讀者自行參閱《精神疾病診斷與統計手冊》及心理學介紹的相關叢書。

　　為了讓你能夠對神經心理教育／諮商有一個初步的瞭解，接下來會依次和大家談談「神經心理教育/諮商的歷史脈絡」、「心理學與腦科學的核心差異」、以及「神經心理學能帶給我們什麼好處？」

神經心理教育／諮商歷史脈絡

　　要理解神經心理教育/諮商發展的歷史脈絡，就需要對「精神疾病史」以及「心理學典範的轉移」有一個初步的瞭解。

精神疾病史

　　早期許多的精神病，因為沒有明顯腦部受損的跡象，導致有好長一段的時間，它們都沒有被認為是大腦功能異常所導致。精神病的定義與歸因，在不同的時代背景，會有很大的不同與差異。

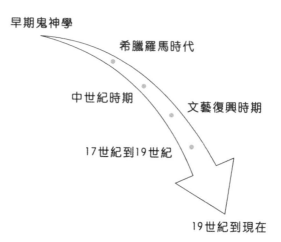

　　歷史早期，這些所謂的精神病，被認爲是某種邪惡的鬼神或靈魂附在一個人的體內，導致這個人的思想和行爲被控制住，進而出現了異常的行爲。在那個時代，人們會用驅魔的方式來進行治療這些精神病。這個時期精神病的論述，被稱之爲早期鬼神學時期的精神病論述。

　　慢慢地隨著醫學的演進，現代醫學之父希臘內科醫師希波克拉底（Hippocrates），從生物學的角度來看精神異常。他認爲精神異常，是由於體內四種體液平衡失常所導致的。這四種體液分別是血液、黏液、黃膽汁及黑膽汁。希臘羅馬時代的人，很重視體液是否有平衡。這個時期精神病的論述（約西元前300年～西元400年），被稱之爲希臘羅馬時代的精神病論述。

隨著時代的進展來到了中世紀，精神病認定的所有權，被宗教團體所把持著。那個時代精神病的肇因，被認為都是因為靈魂受到魔鬼的誘惑而遠離了上帝，才會出現異常的行為。最有名的例子，就是謂的獵巫行動。當時，因為獵巫行動，有大約20萬人死亡的誇張記載。也因為這樣，許多的醫師也開始懷疑鬼神附身這樣的說法是否有其合理性？這個時期精神病的論述（約西元400年～西元1400年），被稱之為中世紀時期的精神病論述。

　　相較於現在，瘋狂與憂鬱被認為需要接受治療。然而，在文藝復興的時代，有許多的作品被創作出來，有些藝術家的創作與靈感，和瘋狂狀態有著高度的關聯性。被稱為是瘋子，在某種程度還會被認為是一種讚美。某些的族群，處在瘋狂狀態的人，還會被認定為是神在傳遞某種訊息的代言人。歐洲某些精英階層，甚至還會拿憂鬱來炫耀自己社會地位的象徵，因為憂鬱的特質，被認為你有比一般人更細膩的感受力。這意味著瘋狂和憂鬱，在文藝復興的時代，有時還有一些正面的形象。相對於之前的時代，文藝復興的這一段時期（約西元1400年～西元1700年），一般民眾似乎對精神病，是用有某種比較開放的態度來看待。

　　時間，再來到了17世紀。從17世紀開始，正不正常的定義，就不再是由教會團體說了為主。當時歐洲發生了長達30年的宗教戰爭，宗教的力量慢慢地就被淡化，取而代之的思潮是理性的科學判斷。如果作家寫得東西沒有人看得懂，

就會被視為是精神異常。也就是說，如果你的行為偏離了常態，就有可能被判定為異常，甚至還會被迫送進療養院。在當時，這些被迫關在療養院的人，除了有精神狀態瘋狂的人外，還包括囚禁了窮人、遊民、還有可能有因際遇不佳而失業的人。因為將他們關起來，就可以名正言順地維持大多數人所謂的社會秩序。

然而，隨著人權逐漸地被重視，掌權的政府，也被迫需要思考如何才能將這些所謂偏離常態有害社會秩序的人，導正為符合一般社會大眾的期待。為了要解決這樣的問題，於是精神醫療這門科學才開始得以發展。

一百多年前，精神醫療相較於其他醫學領域的發展，還是落後許多。有許多的精神病，因為沒有合宜精神醫療的治療方式，面對這些精神病患，助人工作者只能給予所謂談話的治療。因此，一個人心理是否有問題的判斷，就和心理學有了相關的連結。

心理學典範轉移

過去這一百多年來，有幾個重要的理論基礎，深深地影響了心理學領域典範的轉移。

第一個我們最熟悉的，就是心理動力的理論。它提供了助人工作者對人類想法、情緒以及行為的來源，有一個探討的依據，重點特別放在潛意識上的探討。在這個時期，心理學大師佛洛依德可以說是心理動力理論的開山始祖。他所提

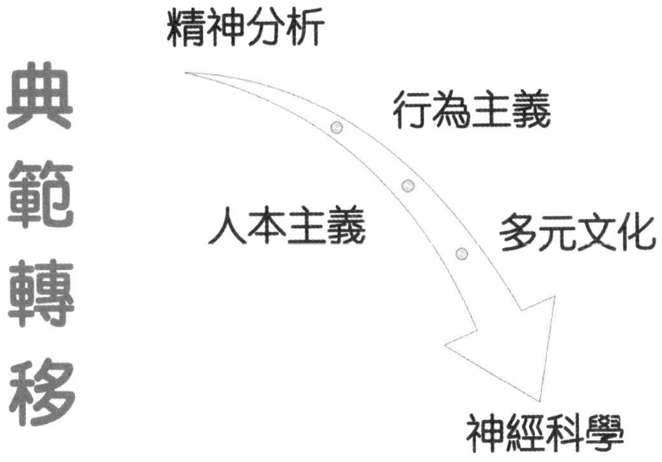

精神分析

行為主義

典範轉移

人本主義

多元文化

神經科學

出的精神分析，不僅只是重視潛意識的探討，也讓助人工作者開始重視早期生命經驗的影響。另外，他還相信「談話治療」是可以對人的大腦組織產生深遠的影響。滋養的環境，可以促進大腦朝向更有效能神經連結的改變。

身為醫師的他，在探討潛意識的過程中，可以看得出他嘗試以腦科學為基礎，將意識、前意識、潛意識，或是本我、自我、超我做不同層次腦功能的區分。雖然理論的說明算是詳盡，但因為當時腦功能檢測的工具並不是那麼的成熟，導致佛洛伊德在做心理動力理論推論的時候，慢慢地偏離了腦功能科學的論證，取而代之的是加入了希臘神話相關的論述，例如伊底帕斯情結等。

有些心理學家，對於這些看不到的潛意識開始產生疑惑，於是開始有了行為主義相關理論建構的濫觴。這個理論回歸強調科學的實證為基礎，認為形塑人類行為的不是看不到的潛意識，而是明確的增強物。這樣的概念讓助人工作者將人的行為看成是在環境影響下，個體與環境互動後學習得來的結果。巴夫洛夫（Pavlov）、桑代克（Thorndike）、史金納（Skinner）都是這個時期相當著名的代表人物。

接著，人本主義接續影響了心理學的走向。這時候的心理學家，又回過頭來開始思考人類腦子裡到底在想什麼？人似乎和動物不太一樣，思考是其中很大的分野，羅傑斯（Rogers）就是其中相當有代表性的心理師之一。他所提出的同理心、真誠一致、以及無條件的積極關懷，讓助人工作者開始關心起個體自己的成長，以及個人內在滿足的重要性。然後，隨著時代的演進，多元文化的概念，重新建構了助人工作者看待個案問題的方式。

近幾年，因為神經科學探究儀器及技術的突飛猛進，讓神經科學於人類行為的探討，有了更多的瞭解。2013年，美國國立衛生研究院提出了「通過推進創新神經技術計劃啟動大腦研究（Brain Research through Advancing Innovative Neurotechnology, BRAIN）。」這個研究計畫的使命，旨在將大腦的神經迴路和模式與心理經驗和行為做連結。也因為有了這樣國家級的倡議，接下來心理健康的相關研究，也因此有了不少的轉變。從事心理健康的助人工作

者，開始思索如何將腦功能科學的發現，運用於臨床實務的工作領域中。至此，神經心理學就逐漸變成一門值得助人工作者專研的科學。

心理學與腦科學核心差異

　　長久以來，心理學與腦科學兩者之間一直都存在著一個不小的隔閡。會有這個隔閡的原因，是因為心理諮商師常運用的是心理隱喻，而腦科學家強調的則是神經科學與行為科學的連結。即便一百多年前心理治療開始被歸類為是一門科學，當初也是基於腦功能科學所發展出來的，但因為心理學與腦科學看待事情的角度很不一樣，導致有好長一段的時間，兩者存在著跨不過去的鴻溝。

　　心理學是一門研究人類心理與行為的科學，主要是透過客觀的立場、科學的方法來進行觀察及歸納，然後利用研究的結果來解釋我們的心理與行為的表現，並預測接下來的相關反應。比方說知名學者約翰・鮑比（John Bowlby），他從觀察孩子與身邊重要他人的互動反應，提出所謂的依附理論。心理學是一門透過從人體外部研究的科學；而腦科學則是透過研究神經系統的結構、功能、發育等，來解釋我們的心理與行為的變化。比方說同樣是描述依附理論，著名神經心理學家艾倫・肖爾（Allan Schore）就會從基因遺傳、大腦皮質、以及邊緣系統等相關組織的變化，來說明人與人間

的相互關係。腦科學是一門透過從人體內部研究的科學。

這兩們科學之間，雖然有許多的知識和研究題材是有高度重疊，但因為彼此各自專業養成的培訓內容有很大的差異，所以當面對不熟悉的用語或定義時，就容易被認為是超出他們專業領域的範圍，而沒有進一步去深究。或者是因為沒有足夠的背景知識，所以也就無法做進一步地溝通與討論。

本書撰寫的發想，其中有一個很大的初衷是，身為執業20多年的精神科醫師，也同時兼任諮商輔導與復健諮商研究所助理教授的我，因為同時熟悉這兩們科學領域所使用的語言，所以期待能將這兩們科學各自專業領域的知識，翻譯成兩邊領域工作者都可以理解的語言，以期心理學與腦神經科學之間的鴻溝，在不久的將來能夠縮小一些些。

神經心理學能帶給我們什麼？

許多的心理疾患，因為沒有明顯的腦部受傷，所以有好長一段的時間，罹患心理疾患的人都被視為是心理病。然而大約在二三十年前開始，心理學領域和神腦科學領域也經歷了一些不同的轉變。在現代腦造影技術的幫忙下，腦科學的相關研究，證實了我們的問題行為是由於腦神經迴路連結的異常所造成的。這促使心理學家重新思考心理症狀的成因。神經心理學可以協助助人工作者理解諮商是如何影響我們的

大腦，能更有效地整合生理與心理的助人方法。

　　如果心理學家沒有腦科學的基礎，就很難從生物基礎來思考人的行爲表現。反之，如果神經科學家只著重在神經細胞的結構層次，沒有心理學涵養，可能也無法針對人類行爲做進一步地探究。就在這樣的氣氛下，心理學家與腦科學家兩者間的隔閡，就有越來越被淡化的趨勢。當代的助人工作者，除了擁有心理學的相關專業知能外，如果還能夠瞭解腦科學的相關概念，一定能讓助人的工作，有更全面、更有效能的展現。

　　一百多年前，佛洛依德的理論雖然融入了希臘神話相關的論述，但在他的經典論文《論自戀（On Narcissism）》中，特別提到「記得現在我們這些心理學暫時的所有觀點，將來有一天，一定會以器官結構爲基礎的角度來論述。」現在我們再回頭來看佛洛依德的這一段論述，就不得不佩服他的智慧。

　　在我的臨床實務工作的經驗中，罹患精神疾患的病人除了需考量服用藥物的必要性外，更多的時候還需要專業人員去協助病人處理他的心理困擾問題（比如說家人相處、壓力調適等問題）。然而，這些所謂的心理問題，在加入了腦科學的觀點後，可以使我與病人互動時，討論的是腦功能的異常或是大腦演化上的缺失，而不是病人自己本身的問題，甚至不是他性格上的缺陷。這樣的觀點的轉變，可以使病人比較有動力來克服自己的問題，讓自己也可以成爲幫助自己的

貴人，而比較不會陷入自我咎責的漩渦中。

　　另外，臨床上神經心理學的運用，在物理治療、疼痛治療領域等其他領域，也可以提供許多的助益。以神經心理學爲基礎的神經心理教育／諮商，將不再把生物學的因素（自然「nature」）與後天環境的影響（養育「nurture」）視爲涇渭分明，而是可以一起攜手合作的策略聯盟。

基本腦功能簡介

　　人活在這個世上，每天都需要處理來自外界無數的訊息。這些訊息透過我們的感覺器官，然後傳遞到大腦，之後再由大腦做出判斷及回應。既然我們的大腦這麼重要，想要過好生活，當自己真正的主人，就要對我們的大腦有一定的認識。

我們能真實地感知世界嗎？

　　你可能不知道，我們的大腦判斷外界訊息的方式，其實存在著不少的謬誤。比方說我們可能會誤以為自己可以準確無誤地從外界獲取訊息、對訊息的處理擁有充分的自由意志、或是大部分的時間自己都可以活在當下。其實，日常生活大部分的情感與行為是怎麼發生的，可能連我們自己都搞不是很清楚。比方說，我們為何會對某人有一見鍾情？為什麼我們聽到某一首歌時會潸然淚下？我們以為自己所理解當下所發生的種種，都是基於自己的信念與自由意志，但事實上並非如此。

　　人在接受外界刺激後，會以三種方式來做行為的反應：第一是反射動作，這是一種中樞神經對外界刺激所做出的無意識回應。神經訊號由接受器發出，不經過大腦，只經過延

髓或脊髓就將訊息直接返回至作用器，例如擊打膝蓋，小腿會向上翹；第二是習慣化的制約反應，包含了我們所熟悉的古典制約、操作制約，是大腦透過比對過往的舊記憶所做出的回應；第三是目標設定行為，這是我們依據過去經驗、自我的期待與相關資訊而做出的回應，可以隨時自主地做出改變。第一種與第二種的行為反應，沒有經過我們大腦太多的思考。即便是第三種的行為反應，其中也有不少部分的大腦運作機制，是在你沒有知覺下就進行完畢的。腦科學家已經證實，透過五官感知外在環境而來的各種訊息，有不少比例會在我們沒有知覺的情況下，將這些訊息做出某種定義，並將它在我們的腦海中化為形象。

下面的圖形，就是一個很好的例子。我們透過五官來感知這個世界，然而感官所能捕獲的資訊，只是環境眾多資訊中的小一部分。這一小部分資訊提供給我們理解外界一個大略的草圖，大腦會動用之前舊記憶資料庫中的相關資訊填充其餘的部分，之後再做出對這個世界的解讀。知覺只提供我們對這個世界認識的大概架構（10%），另外的訊號是來自內部神經系統的填充（90%）。

我們的大腦解讀外界事件會客觀嗎？答案就很清楚了，我們的大腦不能很客觀地解讀事情。更精確地來說，我們的大腦通常只會提供我們想看答案的相關資訊。白話一點，就是說我們只會看到自己想看到的部分。

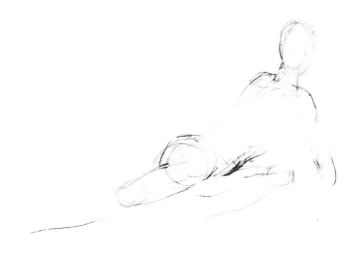

　　我非常喜歡知名哲學家康德所提出認識世界的觀點，他認為人無法認識世界真實的原貌。人所看到的世界，是經過自己感知過濾後所看到的表象世界。他進一步指出，人對於世界認識的管道有兩種：一是來自於實際經驗的體悟，另一是來自於理性的推理。體悟需要的是實際經驗，而推理則沒有需要實際的體悟，反而是需要我們大腦理性的思考判斷。康德認為理性推理的知識，是先於實際經驗的體悟。透過「直覺」與「概念」，我們認識了這個世界的表象。當中「直覺」是透過人類感官去體驗而得到的經驗，而「概念」則是我們人類自己所創造出來的定義，而有了「直覺」與「概念」的結合，於是乎，我們有了對這個世界的認識與感知。

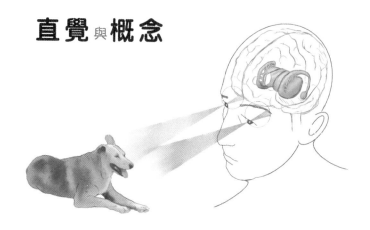

直覺與概念

　　因為我們是透過「直覺」與「概念」的結合來認識這個世界的表象，所以就無法真實地看到這個世界的本身。也就是說，每個人都以自己獨特的體驗與觀點來理解自己所認為的世界。所以每一個人所認識的世界，都是獨一無二的。如果你能搞懂「直覺」與「概念」在我們的大腦是如何進行，就有機會當自己真正的主人，進而減少大腦判斷外界訊息常見的三個謬誤（體驗當下、自由意志、以及準確訊息）。

　　想要搞懂「直覺」與「概念」、制約反應、以及目標設定行為在我們大腦是如何進行的第一步，就需要先從瞭解大腦的基本功能開始。

人類大腦的演化

在介紹大腦的基本功能前，想先和大家談談動物腦部的演化史。因為從動物腦部的演化的歷程中，你可以很清楚地看到人類大腦的獨特性，也更能知道人類的大腦為何會演化成至今的結構，以及為何會展現出目前人類所擁有的腦功能。

35億年前地球出現了最早的微生物，經過演化後，大約是在6.5億年前，海洋出現了多細胞生物。當時有一種單細胞真核生物，稱為鞭毛蟲。鞭毛蟲是一種可以產生電位訊號以控制行為的一種蛋白質生物體。牠存在於動物之前，也可被認為最接近動物的老祖宗。大約在6億年前，生物體開始有了感覺器官與運動系統。也就是說，6億年前開始有神經系統的出現，至今，這套神經系統已經演化了6億多年了。

演化的歷史再往前邁進，大約又來到了40萬年前，動物演化成為我們人類的老祖宗。這40萬年來，現代人的腦，

可以說又是經過無數次的改良升級而蛻變出來的產品。從單細胞生物演化到爬蟲類，每一種生物生存的首要準則，都是在維持生命的時候又得考量如何及早迴避危險情境。爬蟲類在這樣的生存法則下，演化出一種名爲杏仁核的結構體。卽便物種進化到哺乳類、靈長類，甚至是到了我們人類，在大腦中都還保留有杏仁核這樣的腦結構體。杏仁核的工作，主要在評估外在世界的危險程度，讓生物體可以快速地做出回應，逃避危險以延續生命。比起大腦其他的結構，杏仁核在大腦中，具有絕對權威的決定權。

另外，科學家根據化石證據的推測，人類的祖先可能在非洲誕生。在這40萬年的演化史中，我們的老祖宗克服了無數險惡的挑戰生存了下來。爲了克服險惡的環境，人類的脫氧核醣核酸（deoxyribonucleic acid, DNA）被設定爲一種需要社群的動物。另外的關鍵的證據，就在頭顱中可以發現不一樣的端倪，比起其他的動物，我們腦部在人體的占比大上許多。

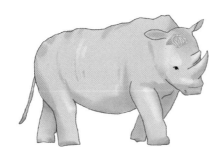

人類演化的過程，大腦逐漸變大，讓我們能成為萬物之靈，當中特別是前額葉改變最多。猴子前額葉在大腦的占比為10%，黑猩猩前額葉在大腦的占比為20%，而人類前額葉在大腦的占比則來到了30%。前額葉的增加，讓我們能擁有一些其他動物所沒有的能力，比方說抽象思考、工作記憶、計畫安排、易地而處、洞察能力、明辨是非、組織思考等較高等級的思維能力。

　　在演化的過程中，大腦除了越變越大外，為了在狹小空間能夠擠進更多的神經細胞以利能更有效率地處理更多龐雜的資訊，大腦因而發展出許多凹凸不平的皺褶與深溝。

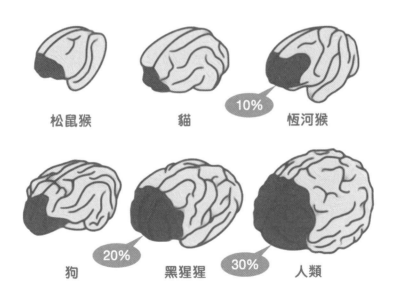

松鼠猴　　　　貓　　　10%　恆河猴

狗　　　20%　黑猩猩　30%　人類

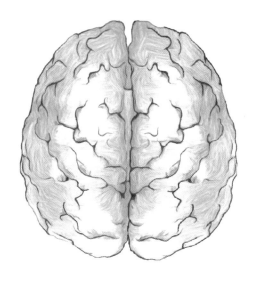

　　接著來談談，我們的左半大腦與右半大腦功能差異與演化的關係。人類演化演化史，絕大部分的時間都是在肉弱強食的原野環境中的演化。這個階段的人類，都是用非語言的方式在溝通，臉部表情、肢體動作以及簡單幾個聲音的辨識就顯得相當重要。右半大腦掌控了我們大部分非語言的溝通，讓人類得以面對危急的情境可以立即做出反應。這也說明了大腦演化的刻痕，讓我們的溝通，即便到了現代，超過90%還是需要靠非語言的辨識才能做有效的溝通。

　　歷史的演進再往前推進，來到了大約在7萬多年前，人類開始發展出語言的能力。隨著語言技能的發展，左半大腦的演化慢慢有了不一樣的改變，讓我們能夠進行邏輯的思辨以及語言的輸出。

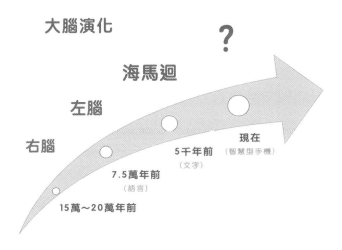

大腦演化

？

海馬迴

左腦

右腦

現在
5千年前　(智慧型手機)
（文字）

7.5萬年前
（語言）

15萬～20萬年前

　　大約在5千多年前，人類開始有了書寫文字文明的出現。這時候的人，因為需要開始記憶更多的資訊，所以海馬迴皮質的進化就顯得相當重要。

　　如果問你，活在現代生活的人，和之前我們老祖宗的生活方式，有哪裡最不一樣？你一定很快就想到，活在這個世代的我們，智慧型手機的使用是我們和老祖宗差別最大的地方。不知道在人類大腦演化的歷史中，隨著智慧型手機的出現，接下來會在我們的大腦結構留下什麼樣演化的痕跡？腦的演化，還在進行中。

　　總的來說，從單細胞生物演化到多細胞生物，從多細胞生物演化到爬蟲類，從爬蟲類再進化到哺乳類、靈長類，一直演化到我們人類，大腦已經有了很大結構性的改變。1970

年代的神經科學家保羅‧麥克（Paul MacLean），他提出了三腦學說。在他的假說中，我們的大腦可以分為爬蟲類腦（腦幹）、古哺乳類動物腦（邊緣系統）、新哺乳類動物腦（新皮質）。新哺乳類動物腦位於大腦的最外層，在演化過程中屬於最年輕的一區。後來的學者，也將新哺乳類動物腦稱之為理智腦、新腦或是人類的腦。新哺乳類動物腦的下面有兩個在演化過程屬更古老腦區，分別為古哺乳類動物腦（也學者稱之為情緒腦、舊腦或哺乳類腦）與爬蟲類腦。這三個腦，各自負責不同的心理與生理功能，彼此獨立工作，但又相互影響。

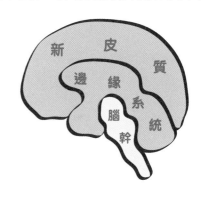

大腦概論

你知道我們的大腦有多重嗎？大腦的重量約莫占人體總體重量的2%左右（大約是1.45公斤）。一般來說，女生的腦會比男生的腦稍微來得輕一些。當中的組織主要由水（78%）所組成，其他還包含有脂肪、和蛋白質。

大腦胚胎的發育，由腦神經管的分化開始。腦神經管分化為三個部分，包括有後腦、中腦、前腦。後腦又分化為延

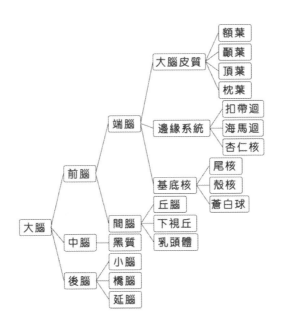

腦、橋腦、小腦。前腦又分化為端腦與間腦。隨著腦部的發育，演變成為大腦各個不同的結構。

　　大腦中間有一道裂溝，由前至後將大腦區分為左右兩個半球。右腦擅長圖像、空間、想像、藝術等能力。右腦也被叫做關係腦，因為它隨時注意我們與周遭環境之間的關係。比起左腦，它擁有更多與身體相連結的神經細胞，協助我們產生直覺或是做出直覺的判斷；左腦擅長數學、語言、邏輯、推論、分析等能力。左腦也被稱為分析腦，因為它負責探究細節、分析可能的選項、為未來做計畫，和解決複雜的問題比較有關係。

左腦　　右腦

　　左右腦功能的劃分，雖然有上述粗略的劃分，但實際上左右腦也不是那麼絕對的差異。理由是因為我們在進行不同工作任務時，左右腦會透過胼胝體（corpus callosum）神經纖維的連結，一起協同工作。胼胝體是高等哺乳動物大腦中一個重要的腦結構，大約包含有2億個神經纖維，大腦兩半球間的溝通，大多數是通過胼胝體來進行。在正常的情況下，會讓左右腦的訊息交流非常快速。雖然左右半腦各有其相對的優勢，但因為有胼胝體的關係，左右腦的功能不能那麼絕對地被區分開來。如果左右兩邊大腦的聯繫被阻斷，則其中一方可能會占主導地位，我們就會失去左右腦合作產生的創造力、豐富性和復雜性的優勢。

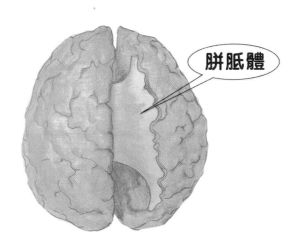

胼胝體

　　以結構來說，腦的基本結構可以再分爲四個部分：大腦皮質、邊緣系統、腦幹、以及小腦四個部分。大腦皮質負責較高功能的認知判斷；邊緣系統負責監控來自外在環境的威脅以及掌管人類情緒的表現；腦幹負責人體整個生理機能系統；小腦負責運動協調功能。人的記憶、預測和判斷等的思維表現，以及心理學的諮商理論，都可以說是由這四個部分共同合作所產生來的結果。

　　大腦皮質是腦部最高級的部位，是掌控我們心智活動最重要的大腦器官，具有儲存與抑制等功能。它的最外層，是由大約1至4毫米厚的凝膠狀組織所組成，可再細分爲6層。其中1～4層主要的功能是負責對刺激進行統整分析，第5～6層的功能則是負責接受和傳遞1～4層的訊號。

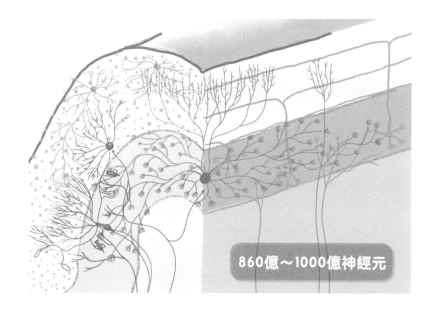

860億～1000億神經元

　　腦部神經細胞數目大約860億至1000億左右，而每一個神經細胞又大約擁有數百到數千個突觸連結。爲了完成各式各樣的心理活動，不同部位的神經細胞間以超過100兆條神經細胞形成連結。神經細胞彼此間透過突觸的連結，也就是神經迴路，傳遞錯綜複雜的訊息。

　　神經細胞在代謝的過程，需要葡萄糖與氧氣才能完成。約莫占身體2%的大腦，其消耗的熱量大約占全身熱量的20％。當中，葡萄糖是腦活動最主要的能源，每天大約消耗120公克的葡萄糖，約爲我們身體其他部分耗能總和的2～3倍。另外，腦活動消耗的氧氣，大約占全身所用氧氣的25％，流經腦的血流量占心臟輸出血量的15％。

大多數大腦能量的耗損，是用於腦內神經傳導與動作電位的變化，其能量的來源，只能從葡萄糖取得能量。大腦只能從葡萄糖的燃燒取得能量，這也說明了我們在耗費腦力的時候，會有種想要吃甜的食物的衝動，因為攝取甜食，可以讓我們的大腦快速獲得葡萄糖的補充。但要小心的是，倘若長期過多葡萄糖的使用，就很有可能會傷害到其他器官組織，讓我們罹患身體疾病，例如糖尿病等。關於身體組織在獲取能量來源的部分，除了男性的睪丸外，大腦是另一個只能依靠葡萄糖取得能量的組織。從能量來源的取得，或許可以解釋，為什麼男人有時會陷入思考（大腦）與性衝動（睪丸）之間葡萄糖資源競爭拉扯的兩難。

　　之前有一部片名《露西》的科幻電影，內容是探討人類腦力運用的極限。許多人都相信，一般人只用到的腦力只有10%，但電影中的女主角在某種情境下，卻可以發揮到100%。實際的生活，一般人的腦力只發揮10%嗎？答案是「否定的」。其實，大腦還有90%可以開發的說法，是個天大的錯誤。如果大腦真的還有90%的區域可以開發，代表許多腦區都沒有那麼重要，不會影響日常生活的正常功能。但，事實是我們的大腦不管哪一個腦區受到損傷，一定會有相對應的功能會出現失功能的問題。

　　其實，大腦是一個相當複雜且精密的器官，人類日常的許多行為，運用到的腦區都超過10%。而且，不同的行為還會需要牽涉許多不同腦區一起協同工作。我們會運用到的腦

區，都遠比10%高出不少。實際上，腦科學家透過造影的相關技術對大腦進行掃描，結果也顯示我們的大腦並沒有所謂未開發的腦區。幾乎所有腦區的神經細胞都是有所作用的，差別是在大腦進行不同工作任務時，不同神經細胞活躍的程度有所不同罷了。

　　雖然現今的科學，比起一百多年前佛洛伊德時代，已經有相當的進步與發展。然而截至今日爲止，腦神經科學家對人類腦功能的研究還十分有限。腦功能複雜的程度，遠比你我想像的複雜許多。因爲本書目的在探討日常人類行爲以及神經心理教育/諮商的臨床運用，所以接下來將介紹的腦功能科學，會聚焦在和心理學相關且可以運用於臨床心理健康工作的相關知能。

神經細胞、神經傳導物質與腦脊髓液

神經細胞

　　腦神經細胞是構成腦多種細胞的通稱，主要包括有神經細胞和神經膠細胞。這兩種神經細胞最大的不同點是，大部分的神經細胞有兩種突起，分別是訊號輸入端的樹突以及訊號輸出端的軸突，而神經膠細胞只有一種突起。神經細胞的功能是負責處理和儲存腦功能相關的資訊，本身具有產生動作電位的能力，而神經膠細胞則沒有上述的功能。神經細胞與神經細胞之間形成爲突起的相互連結，神經膠細胞則是負

責提供這些連接支持的作用。

　　神經膠細胞的數目，通常是神經細胞數目的10倍以上。
沒有了它們，大腦中的神經細胞就無法正常運作。

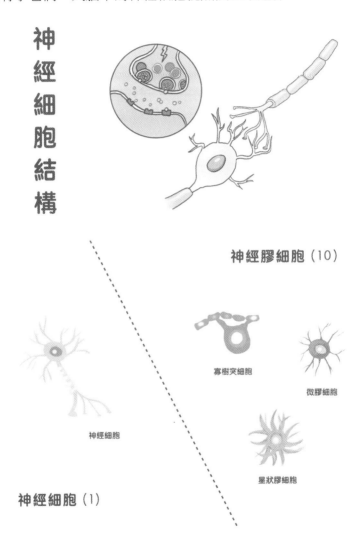

神經細胞結構

神經膠細胞（10）

寡樹突細胞

微膠細胞

神經細胞

星狀膠細胞

神經細胞（1）

大腦消耗葡萄糖是所有身體器官最多的一個器官，當中神經細胞並不負責吸收葡萄糖，而是神經膠細胞在控制大腦吸收多少葡萄糖。另外，神經膠細胞也能與神經細胞做訊息的溝通，它會監聽神經細胞的溝通，並依據所監聽到的訊息，採取進一步的行動。

　　神經膠細胞還可以再細分為星狀膠細胞、微膠細胞以及寡樹突細胞。星狀膠細胞因為它的形狀很像海星，因此被命名為星狀膠細胞。它主要的功能是負責提供大腦中神經細胞的養分，協助神經細胞的生長和訊息的傳遞。微膠細胞的功能則負責清除大腦中被損毀神經細胞的碎片、或死掉的神經細胞。

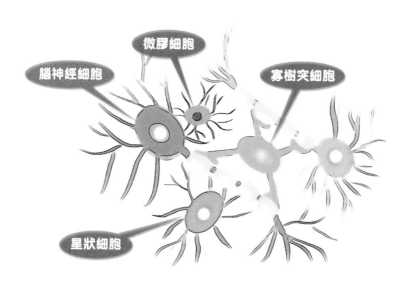

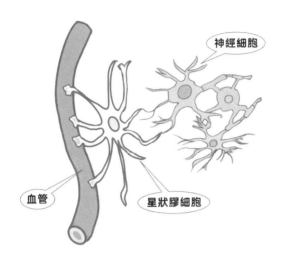

神經細胞

血管

星狀膠細胞

　　星狀膠細胞與微血管形成血腦屏障（blood-brain barrier），負責我們大腦整個神經系統的營養與支持。大腦中的葡萄糖，經由星狀膠細胞變成乳酸，提供神經細胞所需的能量。星狀膠細胞也會透過三種途徑來保護我們的大腦：第一是減少過量的麩胺酸，麩胺酸會使神經細胞興奮，過量會引起神經細胞的毒性。如果神經細胞的附近只有少量的星狀膠細胞，神經細胞的死亡就會來得比較高；第二是清除活性氧自由基，降低對神經細胞的傷害；第三是產生腦源性神經營養因子，促進神經細胞的增生與復原。

　　寡樹突細胞成薄片狀，向蛋捲般地纏繞在軸突上，形成所謂的髓鞘。髓鞘是不具導電功能，提供神經電位傳導上的絕緣，藉由跳躍式傳導提升了神經電位傳導的速度。相對來說，沒有髓鞘的神經細胞訊號傳遞的速度就慢很多。有髓鞘

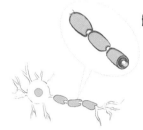

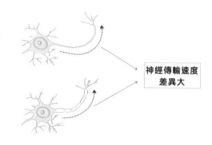

髓鞘化

神經傳輸速度
差異大

的神經細胞和沒有髓鞘的神經細胞，兩者神經傳導速度有時
相差會超過一百倍以上的差距。可想而知，一旦神經髓鞘受
損，我們腦部記憶、思維邏輯等心智功能的效率，就會受到
很大的影響。

　　大腦皮質部分由神經細胞體本體所組成，顏色比較深，
也被稱為灰質。灰質位於大腦的最外層，只有薄薄的1至4毫
米厚，負責絕大部分大腦的心智運算與記憶儲存的功能。相
對於大腦皮質，大腦白質是由數百萬條神經細胞的軸突所組
成，在大腦中的體積幾乎占了絕大部分。因為軸突外的髓鞘
是白色的，所以被稱為白質。你可以想像，有了這些白色的
電纜，不同腦區的功能才得以被串連起來。

　　人剛出生的時候，大腦的白質還沒有發育成熟，只有
少部分腦區的神經細胞有髓鞘包覆。隨著年齡的增長，髓鞘
的成形才慢慢地逐漸完成。這些神經細胞纖維的排列，大致
可以分為三大類：第一大類是左右走向，負責左右大腦的連
結，當中最明顯的就是連結左右大腦的胼胝體；第二大類是
前後走向，負責同一側大腦中不同腦區的連結；第三大類是

上下走向，主要負責表面大腦皮質與深層腦區或腦幹的連結。

在神經心理學領域，還有一種神經細胞很特別，叫做鏡像神經細胞（mirror neuron）。它像鏡子一樣，會讓我們的大腦在觀察其他個體在執行動作行為時，模仿對方的腦部狀態，就好像是自己在進行這一個行為一樣，並且能夠理解他人的行為企圖。

1990年代初，鏡像神經細胞開始被注意到。當時，義大利的研究團隊正在進行一項猴子目標導向行為的相關研究。在一次的偶然中，研究者觀察到猴子在看到人伸手去拿食物時，猴子腦中同一組的神經細胞也跟著活化起來。神經細胞活化的現象，就跟牠們自己伸手去拿食物一樣。如果單看猴子的腦電位功能圖，似乎分別不出猴子是「看到別人拿食物」？還是「自己實際在拿食物」？這些被活化的神經細胞，後來就被稱之為鏡像神經細胞。

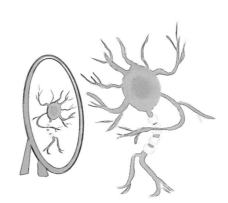

鏡像神經元

鏡像神經細胞不只是看到才會有反應，在後來的研究也發現，聲音也會啟動大腦中的鏡像神經細胞。比方說，我們聽到有人打哈欠，有時候我們也會跟著打哈欠起來。鏡像神經細胞和自我概念的形成，有很大的關聯性。6個月到1歲半的孩子，開始意識到自己的想法和經歷與他人並不一樣。在他發展出自己的主觀意識的階段中，有一部分是透過大腦中的鏡像神經細胞，去理解了主要照顧者的情感反應，進而形塑出自我概念。

　　瞭解了不同神經細胞的結構與功能後，接下來要和大家談的是有關於神經細胞彼此間的訊息傳遞。有人將神經細胞比喻做很微小的一個生物電池，它隨時準備放電。神經細胞內外的離子總類與數量不相等，導致細胞膜上產生微小的電位差。一般來說，神經細胞內部的電位要比神經細胞外部的電位低70毫伏。有來自另外一個神經細胞傳來的訊息，就會改變這個微小的電位差。一旦這個電位改變超過一定的水準，就會引起神經細胞的放電。沿著腦神經細胞軸突傳遞的電位變化，被稱之為神經衝動（或是動作電位）。

　　透過樹突輸入到神經細胞的訊號，不是每個輸入都會大到足以刺激神經細胞產生訊號。從樹突接受到的訊號成千上萬，透過神經細胞本體整合了這些所有訊號，然後再透過軸突對外再將訊號輸出。神經細胞對於眾多輸入訊號的回應只有一種方式，要嘛就產生電位衝動，將訊號透過軸突傳遞給下一個神經細胞，要嘛就不反應。

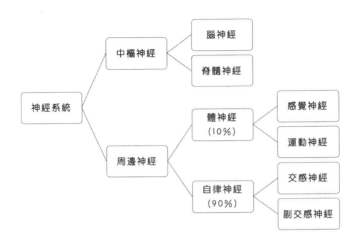

　　一旦神經細胞被激活後，是如何將訊息傳遞到下一個神經細胞呢？這就牽涉到神經細胞上的接受器，以及神經細胞間的神經傳導物質。談到神經訊號的傳遞，在神經心理學領域中，訊號的輸入端被稱之為樹突，將訊號帶離開神經細胞本體的被稱之為軸突。神經細胞與神經細胞之間，並不是彼此緊密地連接著，中間存在一個小小的縫隙（大約20～40奈米），稱之為突觸。在突觸間，充當兩個神經細胞之間聯繫的導線，是散布在這個縫隙間的神經傳導物質，也被稱為激素，它可以說是腦中訊息的傳遞者。不同神經傳導物質，負責傳遞突觸間不同的訊息。而樹突上不同的接受器則接受這些不一樣神經傳導物質。每個神經細胞在發射出訊號前，可能會接受來自其他成千上萬的神經細胞的訊號。神經細胞透過這些化學物質的相互溝通，主宰了我們的思考、情緒、及

行爲。神經細胞的表面積有一大半以上被突觸所占領，神經細胞如果沒有突觸的連結，其數量再多也沒有特別意義。

在神經心理教育／諮商的領域，還需要懂得在我們身體無所不在的自律神經。人體的神經分爲中樞神經與周邊神經，周邊神經又分爲體神經（10%）與自律神經（90%）。

自律神經支配了全身的器官，從頭到腳、由外而內，幾乎身體的所有系統都受其影響。人體的自律神經可以分爲兩類，一類是扮演生理機能加速器角色的交感神經，另一類是肩負生理機能煞車器功能的副交感神經。當我們的心理狀態處於緊繃的時候，身體就會啟動交感神經，讓我們處於備戰的狀態；反之，當我們的心理狀態處於放鬆的時候，身體就會啟動副交感神經，讓我們處於平靜的狀態。每一天，交感與副交感會因應我們心理的狀態作出做合適的切換，就是所謂的健康良好的運作模式。

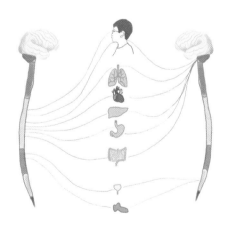

交感神經

副交感神經

神經傳導物質

　　控制與調節神經細胞間溝通的神經傳導物質，是散布在大腦的各個地方。當中，和我們日常行為息息相關的神經傳導物質包括有：胺基酸（麩胺酸、γ-胺基丁酸）、生物胺（多巴胺、血清素、正腎上腺素、乙醯膽鹼）、以及催產激素、腦內啡、泌乳激素、神經肽Y、皮質醇、腦源性神經營養因子等。

　　這些神經傳導物質，在非常特定的某些部位被釋放出來，主導了大腦神經訊息的流動。大腦的某個區域，藉由它向其他腦區或身體發出訊號，透過這些訊號，產生的人類心智與行為反應。有些神經傳導物質負責興奮訊號的傳遞，可以激活神經細胞的活性；另外一些神經傳導物質則是負責抑制訊號的傳遞，可以讓神經細胞降低、甚至停止活動。沒有這些神經傳導物質，人就不會有感覺、也不會有思考，當然也不會出現有相對應的行為反應。在精神病理學領域，血清素、多巴胺、正腎上腺素這幾個神經傳導物質的運作，更是被醫療人員所關注，因為它們和精神疾病的表現，有高度相關。雖然血清素、多巴胺、正腎上腺素在眾多的神經傳導物質中，所占的比並不高，但卻具有舉足輕重的影響力。

　　每一種神經傳導物質都有其獨特的工作任務，一旦工作完成，它們就會關閉或減少分泌。我們生理與心理的狀態，無時無刻都受到神經傳導物質的調控。透過不同神經傳導物質不同比例的交織，呈現出各式各樣的人生百態。以下進一

步分別介紹它們在神經細胞傳遞訊息中，主要扮演的角色功能爲何：

麩胺酸

大腦內訊號的傳遞工作，有一大半是由麩胺酸（glutamate）及γ-胺基丁酸（GABA）這兩種神經傳導物質所負責。麩胺酸是負責激活神經細胞的活性，γ-胺基丁酸則是負責抑制神經細胞的活性。當麩胺酸在兩個還沒有對話的神經細胞之間傳遞訊息，就會促發這兩個神經細胞產生連結。這個連結越是被頻繁的啟動，這兩個神經細胞間的連結就會越變越強。

麩胺酸在我們學習與記憶的功能上，扮演相當重要的角色，特別是與海馬迴皮質的記憶功能有相關係。一般來說，少量的麩胺酸就可以讓大腦的神經細胞興奮起來，過多的麩胺酸會讓大腦的神經細胞一直處於興奮狀態，反而對大腦會有傷害性。因此，在每次動作電位後，突觸間麩胺酸的轉運蛋白就會很快地與多餘的麩胺酸結合，然後將多餘的麩胺酸帶離開來，讓突觸間的麩胺酸不致於過高，以保護我們的大腦的神經細胞。

神經細胞上的接受器可以分爲兩種類型：一類是AMPA接受器（Alpha-amino-3-hydroxy-5-methylisoxazole-4-propionic acid receptors），屬於離子接受器；另一類是NMDA接受器（N-methyl D-aspartate receptors），需要

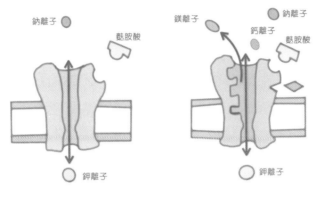

鈉離子 　　 麩胺酸

鉀離子

AMPA 接受器

鎂離子　　鈉離子
　　鈣離子　麩胺酸

鉀離子

NMDA 接受器

AMPA先打開，才會被啟動。在平常的情況下，NMDA的接受器是關閉的，因爲通道被鎂離子堵住，沒有辦法打開。如果突觸前的神經細胞受到少量的刺激時，它就會釋放一定數量的麩胺酸。麩胺酸會與突觸後神經細胞結合，導致AMPA接受器被打開。這個時候，鈉離子就會流入突觸後的神經細胞內，造成神經細胞的去極化。如果去極化的程度不是很大，通道中的鎂離子不會被移開，也就是NMDA的接受器還是會處於關閉狀態。

　　然而，當突觸前的神經細胞受到比較強且重複的刺激後，會造成突觸後的神經細胞被去極化的程度增加。一旦去極化的程度超過一定的程度後，就會使迫使NMDA接受器上的鎂離子離開。NMDA接受器的通道被打開後，就會使得細胞外的大量鈉離子與少量鈣離子流入突觸後的神經細胞內，

並使部分的鉀離子流出細胞，進而改變了神經細胞的電位，導致神經細胞興奮起來。

　　事實上，神經細胞就像是泡在一大片的鈣離子的大海中，神經細胞內的鈣離子濃度非常低，與神經細胞外鈣離子的濃度相差好幾萬倍。當神經細胞上的電位達到一定的數值後，就會使神經細胞上鈣離子通道短暫地打開。鈣離子進入神經細胞後，就會導致細胞內不同的酵素被活化，進而產生一連串的化學變化。

　　NMDA接受器就像是神經細胞的記憶開關，一旦被激活後，相關的神經細胞就會強化突觸來記住這個訊號。簡單來說，AMPA接受器和我們的感覺的產生有關，如果沒有強到讓NMDA接受器也跟著參與，那麼感覺很快就會消失不見，我們就不會對這樣的感覺有所記憶。有些情境會影響NMDA接受器被活化，比方說酒精、大麻、醫療用的鎮靜劑等。一旦NMDA接受器活化的程度減弱，就會使我們的記憶能力有所下降。

γ-胺基丁酸

　　GABA和具有興奮功能的麩胺酸，有著很不同的功用。它會讓神經細胞產生抑制的功效，降低神經的活性，讓訊號沒有辦法傳遞下去。它可以讓人產生安靜的效果，也可以讓我們的心跳減緩。可想而知，外界的環境時時刻刻都在對我們的大腦傳送大量的訊息，沒有了GABA，大腦就會一直處於

興奮狀態，生活就會無時無刻感到壓力。有了GABA，大腦才有休息的好契機。

多巴胺

多巴胺（dopamine）主要的功能是負責我們大腦獎賞中心的相關連繫，本質和獎賞有關係，白話一點就是負責人類渴求的慾望。多巴胺激發了人的行動，而不是提供快樂的感覺。所謂的獎賞，指的是我們做了第一次後，我們會很期待這個行為再次的發生。當獎賞系統被激活的時候，我們感受到的是期待的滿足，而不是快樂的感覺。腦科學家也發現，腦內多巴胺產生最多的時候，不是發生在獲得獎賞時，是在期待獎賞的時候，特別是快要接近獲得獎賞的那一段時間。

有了上述腦科學的理解後，倘若多巴胺會帶給人一種幸福快樂的感覺，那麼，那種幸福快樂的感覺，應該是存在獲得成果前的期待與想像中。俗語說「有夢最美，希望相隨」，我覺得這句話給了多巴胺一個很好的註解。快樂，是獲得獎賞的那一刻嗎？其實，快樂是存在於我們的期待與希望中。

多巴胺這個神經傳導物質的功能，除了負責調控大腦渴求的感覺外，還有有著許多不同的功能。邊緣系統的多巴胺和大腦本身腦內啡一起作用的話，會使我們感受到愉悅的感覺。前額葉皮質中的多巴胺，能使我們能夠專注與集中注

意力在所需完成的任務上。日常生活中，我們會選擇即時享樂？還是能擁有延遲享樂的能力？就端看的大腦多巴胺運作的腦區，是由哪一個部位所主導？如果是後者的話，通常他的人格特質會比較能抗拒誘惑，對挫折有比較多的忍受力，也可以將自己的價值放在成功的目標上。也因為如此，這種人的社會成就，會比一般人來得高一些。

　　人類思考的原動力，其中有一大部分和多巴胺有關。人類和動物最大的不同，在於被稱為萬物之靈的我們，有動物所沒有的思考。大腦中的多巴胺分泌太多，有可能會想得比較多；反之，大腦中的多巴胺分泌的太少，就有可能出現思考貧瘠、或是注意力不集中的問題。

　　多巴胺還可以讓我們對自己所設定的目標產生動力，同時也可以對處理工作、學習資訊的工作記憶有提升的效果。也就是說，多巴胺可以帶給人對目標追求的渴望，達成目標的成就感、喜悅和感動，另外也可以讓工作及學習的效能增加。

　　注意力不足過動症患者也和多巴胺有關，他們額葉皮質的多巴胺神經細胞功能有減少的現象，因此出現注意力會不集中與缺乏計劃的相關問題。如果這些患者，可以接受多巴胺相關藥物的治療（利他能），注意力不足相關的症狀是可以部分獲得改善。雖然服用多巴胺可以幫助患者改善注意力不足的問題，使他們可以持續重複性的工作。然而，使用多巴胺強化注意力可能付出的代價，就是他們產生相關連結的

能力，以及發散性創意的思考也可能會受影響。專注能力與發散性思考，兩者間本來就是一個動態拉鋸的關係。

　　另外一個與多巴胺有關的疾病是巴金森氏症，只是患者的症狀比較是聚焦在動作行為的表現上。大腦缺乏多巴胺的巴金森氏症患者，在接受多巴胺相關藥物的治療（左多巴胺），有部分的僵硬、小碎步的動作是可以獲得改善。值得一提的是，罹患巴金森氏症的患者，在接受多巴胺相關藥物治療一段時間後，也有一部分的人會因為此而出現成癮行為，因為多巴胺這個神經傳導物質，也負責調控大腦渴求的感覺。多巴胺太多的時候，可能會產生幻覺、妄想、躁狂等症狀，也有可能出現肥胖、成癮、思覺失調症等疾病。

　　總的來說，多巴胺涉及了動機、獎賞、注意力、記憶力、以及身體動作的調節等功能。在我們的大腦有四條主要的神經途徑和多巴胺有關，包括有：黑質紋狀體路徑

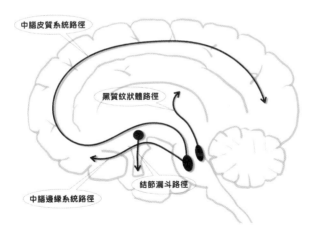

中腦皮質系統路徑

黑質紋狀體路徑

結節漏斗路徑

中腦邊緣系統路徑

（nigrostriatal pathway），和運動功能調解有關；中腦皮質路徑（mesocortical pathway），和認知功能有關；中腦邊緣系統路徑（mesolimbic pathway），和成癮、妄想、幻覺有關；結節漏斗路徑（tuberoinfundibular pathway），和泌乳激素分泌有關。在我們大腦中，多巴胺是一種具有許多功能的重要神經傳導物質。

血清素

腦中的血清素（serotonin），是一種單胺類抑制性的神經傳導物質，其主要的功用是負責調控情緒、睡眠、性慾、食慾、體溫等生理心理功能，對於情緒、衝動和侵略行為、記憶與學習等認知功能也有都重要的影響。血清素會讓大腦發出訊號，告訴我們「自己的地位是穩固的，現在是安全的」。它與一個人的自信、自尊、安全感有密切的關係。

血清素是由色胺酸經由位在大腦及腸胃消化道中相關轉化酶，轉化合成的，其合成的材料色胺酸（tryptophan），是需要透過食物才能獲取。大腦中血清素的含量，大約只占體內血清素的總含量2%左右。

光照有助於血清素的合成，自然的太陽光比人照的光線更能增加血清素。因為一天陽光的照射度與血清素的合成有高度相關，因此白天充分日曬20-30分鐘，特別是早上起床不久的時間，能夠讓我們的大腦分泌足夠的血清素。

運動則是另外一個提升血清素的好方法，這個方法不只在運動當時可以增加血清素，研究顯示，在運動結束後的幾個小時內，情緒仍能有提升的效果。即便只是單一次的運動，也會有上述同樣的效果。當然，能夠平常就習慣持續有一定強度的運動，是最能達到提升血清素的好方法。

　　前面的章節提到，人體的自律神經分為兩種，一種是交感神經，主要是在人體活動的高的時候作用；另一種是副交感神經，主要是在人體放鬆或是睡眠的時候作用。血清素分泌正常的時候，這兩種神經會取得一個平衡，身心會處於平靜的狀態，情緒比較不容易起伏太大；相反的，如果血清素出現失衡的情況，就會出現各種身心失調的問題，例如失眠、焦慮、憂鬱等症狀。

　　會讓大腦血清素濃度不足的原因很多，除了有部分的人因為天生遺傳原因血清素比較低以外，壓力、營養不良、失眠、陽光曝曬量不足、感染、發炎等都會造成血清素的下降。血清素下降，會讓人出現慢性疼痛、疲勞身體不適，也會影響認知功能的表現，另外，也會讓人容易產生焦慮、易怒、憂鬱等情緒問題。

正腎上腺素

　　正腎上腺素（norepinephrine），是最早被腦科學家用來研究情緒問題的神經傳導物質之一，具有提升我們的注意力、警覺、動機的功用，也和意識的喚醒有關。

正腎上腺素如果分泌太多或太少，都會影響到新的學習。因為沒有足夠的正腎上腺素，是無法激活前額葉皮質。但太多正上腎腺素的分泌，又會讓前額葉皮質的活性受到關閉。例如杏仁核過度活化時，會綁架前額葉皮質，進而表現出來的外顯行為，就是極度的焦慮，會干擾決策的思維。只有中等強度正腎上腺素的分泌，才能使大腦保持適當的警覺，又不會干擾的大腦皮質的表現。

腎上腺素，則是由腎上腺所分泌。透過腎上腺素，我們的心跳會加快、肌肉緊繃、呼吸變快、提高警覺、對周遭事物變得更敏感，讓身體會準備好「戰或逃」的壓力反應。回想你曾經受過驚嚇的經驗，你就會知道腎上腺素帶給我們的感覺是什麼。

催產激素

催產激素（oxytocin）是一種九個胜肽的神經傳導物質、也是一種荷爾蒙。它是由大腦下視丘中的旁室核（paraventricular nucleus, PVN）神經細胞所分泌的一種激素，然後透過腦下垂體後葉釋放進入血液中。除了影響大腦神經組織的作用外，也會影響身體許多的功能（例如：壓抑胃口、增加泌乳等）。

顧名思義，催產激素就是在女性分娩的過程，會促使子宮壁產生收縮的激素。在哺乳的時候，嬰兒吸吮媽媽的乳頭時，刺激的訊息會傳入到下視丘的室旁核，引起催產激素的

催產激素
Oxytocin

分泌，之後提升乳腺分泌乳汁。另外，在產後，大腦也會分泌大量的催產激素，新生兒的腦中也會有大量的催產激素產生，進而促使媽媽與孩子產生血濃於水的親子關係。親子依附關係與催產激素分泌的關係，提供了母愛一個生化基礎的佐證。

　　催產激素並非是女人所獨有，男女的大腦均可分泌。在男性的腦，催產激素讓男人比較容易與他人建立重要的連結關係，幫助產生忠誠與信任的感受，並且讓男人保持對伴侶的專情。有一些人也將催產激素稱為「愛情荷爾蒙」、「擁抱激素」或是「愛的激素」。這是因為我們在享受親密關係性高潮時，也會釋放比較多的催產激素，讓伴侶間能夠感受與另一半的連結。

當然，不是只有擁抱，親吻、牽手的肌膚之親也都可以激發催產激素的分泌。另外，相互凝視也可以增加催產激素的分泌（Guastella, Mitchell, & Dadds, 2008）。

　　與催產激素有關的情緒感受，是親密感、信任感、與歸屬感。催產激素強化了人與人的連結，特別是被我們認定是同一掛的族群，我們會有比較強的同理心，容易產生信任感，也會表現出較為友好的社交行為以及利他行為。倘若對方不被我們認定是同一掛的族群，催產激素反而有可能會讓我們加深對對方的敵意，放大了族群間的歧見。

　　在神經心理學領域，有一個很有名的研究，就是草原田鼠與山田鼠的研究。草原田鼠是具有一夫一妻制的哺乳類，牠們會與伴侶建立長期的性關係，並且會一同撫育幼鼠。相對於草原田鼠，山田鼠則會濫交。除此之外，雄性的山田鼠對養育幼鼠的工作則比較不感興趣。研究人員對這樣的現象做了相關的研究，探討了為何兩種老鼠會有如此不同的社會行為。研究結果顯示，原因出在雄性的草原田鼠具有比較多的催產激素接受器，而山田鼠在相關的大腦區域中，催產激素接受器的數量就遠遠少於草原田鼠。腦科學家從動物實驗的結果做出可能的推論，催產激素對於社會互動的連結，扮演相當重要的角色。

　　神經迴路機制的層面上，催產激素的釋放，會受到輸入至旁室核的神經訊號所影響。那些神經訊號會影響旁室核呢？比方說當我們感覺緊張時，位於腦幹上的藍斑核透過正

腎上腺素，進而旁室核增加釋放催產激素。這也解釋了為何人在患難危急時，兩人間的情感很容易從朋友提升為親密伴侶。

腦科學家發現，大腦中的杏仁核、伏隔核、及海馬迴等腦區有比較多催產激素神經傳導物質的接受器。透過不同神經的傳導途徑，催產激素發揮了調控情緒、以及修正社會行為的相關反應。比方說旁室核藉由釋放催產激素到杏仁核中的中央核，進而可以緩和我們對恐懼的感受；影響了終紋床核的神經傳導途徑，有助於緩解社交焦慮；投射到伏隔核的神經途徑，影響了我們的動機和成癮行為；經由海馬迴的神經傳導途徑，可以刺激我們的神經再生，有助於記憶的形成與固化。

腦科學家另外也發現，催產激素接受器通常位於大腦中幾個富含多巴胺的腦區，這暗示著催產激素的分泌也會影響多巴胺的分泌。我們都知道，多巴胺的分泌會讓人產生很特別的情愫，特別是渴望再次獲得的感受。因為有了這個關聯性，這也說明了為什麼你我會對歸屬感有強烈的渴求。

另外，催產激素和多巴胺還有一個很特別的關係。假使催產激素和多巴胺一起分泌，就可以抑制多巴胺的習慣化。舉電玩遊戲為例子，或許你會更理解催產激素和多巴胺一起分泌的作用。早期的電玩遊戲，遊戲中的主角只是一個角色而已，主角和玩遊戲的你，關聯性並不大。遊戲進行一段時間，在你過關幾次後，你覺會這個遊戲索然無味。但現在的

電玩遊戲，遊戲的設計者會運用一些手法，想方式法讓你和遊戲中的主角，或是同時在線上的其他玩家產生關聯性。有了關聯性的連接後，我們的大腦就會產生催產激素，多巴胺在催產激素的加持下，就不會被習慣化。白話一點，就是你對遊戲的期待，就會一直持續下去，結果很容易就沉迷於手機遊戲，甚至變成手遊成癮。

催產激素在精神疾病中，也發揮了某種程度的影響力。精神科的領域中，有一種疾病叫做自閉症類群障礙症，這是一種無法和他人產生適當人際連結，也很難設身處地從他人角度著想的一種疾病。從腦科學家的研究發現，罹患自閉症類群障礙症的患者，比起你我，他腦中的催產激素有比較少的現象。

腦內啡

腦內啡（endorphin）是大腦本來就有的一種胜肽物質，是由腦下垂體所分泌類似嗎啡的生物化學激素。內源性的腦內啡能與大腦中腦內嗎啡接受器結合，產生出嗎啡、鴉片一樣的止痛效果，可以說是一種天然的止痛劑。一旦我們傷心、難過，或是身體經歷疼痛的時候，大腦本能地就會分泌腦內啡。藉由腦內啡的分泌，可以緩和我們心理與生理的疼痛感受。腦內啡除了有類似嗎啡止痛作用的功能，也具有調節我們呼吸、體溫、心血管作用的功能，會讓我們感受到愉悅、成就、以及內心寧靜的感受。

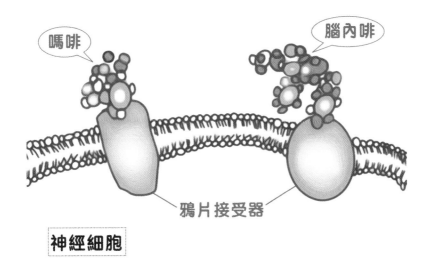

嗎啡

腦內啡

鴉片接受器

神經細胞

　　不少人愛上吃辣的食物，原因也和腦內啡有關係。因為辣味食物會使我們舌頭產生疼痛的感覺，我們的大腦為了緩和這種疼痛感，就會分泌腦內啡。而腦內啡的分泌除了可以緩解舌頭的疼痛外，也會讓人感受到愉悅的感受。我們在吃辣味食物時，誤以為愉悅的感受是來自於辣味食物本身，因此就愛上吃辣的食物。

　　另外，隨著腦科學研究的發現，有學者發現在我們的大腦裡，和記憶與學習相關的腦區，其腦內啡的分泌以及腦內啡接受器相對比其他的腦區來得多。在腦內啡的作用下，能夠加強我們的記憶與學習能力。

皮質醇

皮質醇（cortisol）是一種荷爾蒙，和它結合的接受器幾乎存在與我們身體的所有組織中。皮質醇在一般濃度或是短時期的稍高濃度，可以增強我們的記憶力。透過皮質醇的影響，也可以重新調動能量的分布，有助於壓力情況下體內平衡的恢復。研究顯示，持續性高濃度的皮質醇會破壞神經蛋白的合成，導致神經細胞生長停止，也會擾亂鈉鉀離子的平衡導致神經死亡。

一般人體內的皮質醇會有日夜節律的變化，早上清醒30分鐘內，皮質醇會上升50～75%，然後，在一天中的其他時間慢慢降低，到夜晚，濃度達到最低。時常焦慮的人，會導致壓力荷爾蒙皮質醇增加，空腹血糖也會跟著上升。

皮質醇如果晚上沒有降低，就會影響我們的身心狀況，其中之一就是會造成失眠的現象。降低皮質醇以改善失眠的情況，有一個比較快速的方法，就是在午後或傍晚做運動。

大腦中皮質醇的接受器有兩種，一種是與皮質醇接受器有高結合力，另一種與皮質醇接受器的結合力較低。高結合力的皮質醇接受器，只要接受到少量的皮質醇就會被激活。杏仁核與海馬迴皮質上的皮質醇接受器，就是屬於這一類的皮質醇接受器。意味著，杏仁核與海馬迴皮質這兩個腦區，特別容易受到壓力改變而產生深遠的影響。

海馬迴皮質上的皮質醇接受器，還有一個很特別的地方。那就是適度的皮質醇增加，會使海馬迴皮質可以透過負

回饋機制反過來抑制額外皮質醇的生成，進而減緩壓力的產生。然而，如果皮質醇過多的時候，海馬迴皮質就會因皮質醇過多而出現萎縮的現象。海馬迴皮質的萎縮，除了會影響短期記憶外，也會讓壓力負回饋機制減弱，緩和壓力的力量也跟減少，造成壓力負面影響惡性循環的發生。

腦源性神經營養因子

神經細胞的生長，離不開神經營養因子。這些神經營養因子中，又以腦源性神經營養因子（brain-derived neurotrophic factor, BDNF）相對比較重要。腦源性神經營養因子和神經分化、成長及生存有很重要的關係。它負責神經細胞的活力、神經細胞及突觸的生長、穩定神經細胞突觸結構強化學習與記憶的連結等功能。壓力、創傷、腦傷、藥

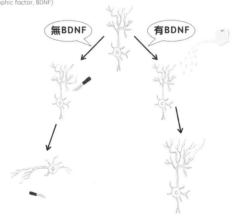

腦源性神經營養因子
(Brain-derived neurotrophic factor, BDNF)

無BDNF　　有BDNF

物、低血糖、甚至腸胃道的細菌都會影響腦源性神經營養因子。另外，隨著年紀的增長，腦源性神經營養因子的分泌、功能也會隨之下降。

　　腦源性神經營養因子，可以調節對麩胺酸敏感的NMDA接受器，進而影響我們的記憶與神經的可塑性。腦源性神經營養因子，也被稱之為大腦的肥料。它會促發神經細胞上髓磷脂的生長，使神經細胞的傳遞更有效率，也有協助神經細胞間聯繫更加穩固的功用。另外，它也會促使海馬迴皮質中的幹細胞增長，分化成為新的神經細胞。

　　皮質醇會抑制腦源性神經營養因子的產生，但高濃度的腦源性神經營養因子，可以反過來緩衝海馬迴皮質受到壓力的影響，讓海馬迴皮質持續保持神經的可塑性。

褪黑激素

　　天色暗了，我們會想睡覺；天色亮了，我們就會自然醒來。負責調整我們生理時鐘的神經傳導物質，就是褪黑激素（melatonin）。可以帶來睡意的褪黑激素，是由大腦松果體所合成。一般來說，它的分泌會在凌晨兩點左右達到高峰。在合成的過程中，如果有光線的刺激，會影響褪黑激素的產生。因此，睡覺的時候記得要關燈，才不會干擾褪黑激素合成。

　　褪黑激素合成，和血清素有關係。在白天，色胺酸會在我們的大腦合成為血清素，到了晚上，這些血清素會被轉化

當心理學遇到腦科學（一）
大腦如何感知這個世界　　　／66

成爲褪黑激素。假如白天我們的大腦合成血清素不足，那麼晚上褪黑激素的行程也會相對不太夠，自然我們的睡眠品質也會不理想。

夜間睡眠大腦的褪黑激素分泌的量，比起白天會高5～10倍。睡前一直滑手機，來自螢幕的藍光會讓大腦誤以爲還是處在白天的狀態，因而抑制松果體褪黑激素的分泌，於是造成了失眠的問題。

這個有助於睡眠的荷爾蒙，還會透過抗氧化的作用，協助去除白天活動所累積在我們大腦的活性氧化物。當我們在好好睡上一覺之後，我們會有一種神清氣爽的感覺，就是褪黑激素透過抗氧化的作用，去除了白天累積在大腦中活性氧化物之故。

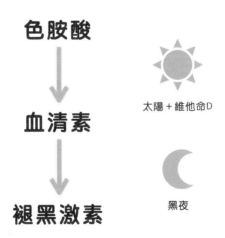

腦脊髓液

在神經心理學領域，有一個很容易會讓人忽略它的存在，但卻很重要的東西，就是大腦中的腦脊髓液。存在於我們身體的毒素，是靠著遍布於全身的淋巴系統來排除體內的毒素。然而，我們的大腦中，並沒淋巴結。沒有淋巴結的大腦，是如何排除腦中的毒素呢？答案，就是靠大腦中的腦脊髓液。

腦脊髓液是一種在我們大腦內顱骨與蛛網膜下腔，含有微膠細胞的透明生理鹽水。在成人的腦中，腦脊隨液大約有140～150 c.c.。每一天，大腦的脊髓液大概會更換4～5次。大腦的排毒，是藉由腦脊髓液的更換來排除腦中的毒素。如果更換的頻率太低，腦中的毒素就會像死水一樣，累積發臭，導致大腦的功能會出現失調的情形。

腦脊髓液

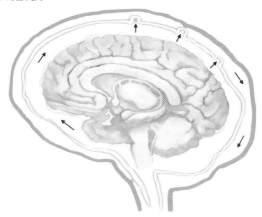

影響我們腦中腦脊髓液更換的頻率，有許多的因素，其中之一就是睡眠是否有飽足。當我們開始進入睡眠時，大腦中的血液會從大腦流出到身體，然後腦脊髓液會有規律性地湧入我們的大腦。雖然在非睡眠的時候，腦脊髓液也會隨著我們的呼吸而有規律的運動。但在睡眠階段，腦血管旁的空間會變大，腦脊髓液會在這個時候大量湧入我們的大腦，使得腦中的廢棄物有機會藉由腦脊髓液的流動，被排出大腦之外。比起清醒時大腦小而柔和的波動，睡眠階段腦脊髓液的波動，就像是海嘯般的洶湧，特別是深睡時期，波動的程度是最大的。

額葉、頂葉、顳葉、枕葉與腦幹

大腦表現有許多的腦溝（sulcus），腦溝與腦溝之間突起的部分稱之為腦迴（gyrus）。在整個大腦的中央部位有一條很明顯上下縱走的腦溝，我們稱之為中央溝（central sulcus）。

在中央溝的下方，呈現水平的腦溝是外側溝（lateral sulcus）。不管是左腦還是右腦，以中央溝與外側溝作為劃分，我們的大腦可以被分區分為額葉、頂葉、顳葉，另外，大腦還包括有枕葉與腦幹這些比較大的腦區塊。以下依次做進一步的介紹與說明：

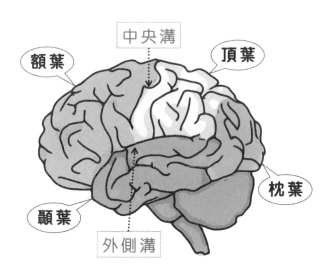

中央溝

額葉

頂葉

枕葉

顳葉

外側溝

額葉

　　關於額葉（frontal lobe）功能的探討，最有名的例子是美國鐵路工人蓋吉（Gage）意外受傷後個性改變的故事。在一場意外事故，蓋吉被一隻長鐵棒穿過他的頭顱。鐵棒從他的左下臉頰刺入，再穿越左眼，之後由額頭上的頭殼穿出。在這次的意外事故中，蓋吉奇蹟般地倖存了下來，但從此他的性格大變，原本勤奮努力的他，開始出現酗酒、為所欲為，讓人頭疼。他頭部受傷的治療病史，給了神經心理家研究前額葉相當重要的資料，讓神經心理學家確認了前額葉受損，會讓人產生衝動的行為反應。

　　額葉，位於大腦的前端，中央溝前面、外側溝上面的大腦皮質，在腦部體積的占比，是最大的部分，大約占大腦皮

質的1/3左右。它是人類和其他動物有所差異最主要的因素，主要的功能是負責問題解決、決策、計畫、道德推論、情緒調節、控制衝動、注意力維持、以及動作的控制等功能，是最具人性的腦葉。如果將其功能細分，我們可以將它再區分為：運動區、運動輔助區、布羅卡區（Broca's area）、以及前額葉皮質四個部分。

　　當中的布羅卡區位於額葉下方，是由法國外科醫師（Broca）發現的運動語言區。這是一個很特別的區域，此處受傷的話，就無法說出話語。布羅卡區還有一個很特別的功能，就是當我們在默讀的時候，它也會跟著工作。即便我們沒有把看到的內容說出話來，布羅卡區也會通過原來記憶的迴路，帶動大腦相關腦區的運轉，並在我們腦海中形成一個聲音，不斷播放我們所看到的內容。這對我們認識外界世界並形成記憶，有很大的幫忙。

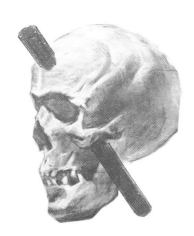

蓋吉頭部受傷

在額葉的前端部分，特別又被稱為前額葉（prefrontal cortex），更是可以說是人類執行的控制中心。負責理性思考判斷、未來計畫、朝向目標導向、區辨不同選項、學習、抑制不當的行為等高級認知功能。它能整併外在的訊息，讓行為能在考量結果效益而加以調節，讓我們能表現出深思熟慮目標導向的社會行為。另外，前額葉還負責自發性行為、意識衝動的調節與監控。

同樣位於前額葉裡面，如果以執行，我們還可以再細分為：背外側前額葉皮質（dorsolateral prefrontal cortex）、內側前額葉皮質（medial prefrontal cortex）、眶前額葉皮質（orbitoprefrontal cortex）。

背外側前額葉皮質，顧名思義是位於前額葉的背外側，它與眶前額葉皮質、視丘、海馬迴、顳葉、頂葉、枕葉等腦區有聯繫，以統合注意力、記憶、動作等行為表徵。主要的功能是負責工作記憶、計畫、抽象思考等執行功能，也參與肢體動作的規劃、組織與調節。

內側前額葉皮質和身體的覺知以及與負責情緒的腦區，有強烈的連結。此區也包含了和注意力、動機與情緒有關的前扣帶迴。內側前額葉皮質也負責我們對於風險和恐懼的處理，它對於我們杏仁核活動的調節至關重要。腹內側前額葉，還負責理性的情緒分析與衝動情緒控制的調節機能。有研究學者進一步將內側前額葉分為背側及腹側。位於內側前額葉比較上部的背內側前額葉，負責與自己有關的主觀情緒

陳述（是一種自我的情緒記憶）。位於前額葉比較底部的腹內側前額葉皮質，主要知覺及辨識他人的情緒反應。

眶前額葉皮質是位於大腦額葉前下方的前額葉皮質，相對的位置大約位於我們的眼眶之上。它接受來自視丘、顳葉、腹側被蓋區、嗅覺系統和杏仁核神經訊號的傳入。它也傳遞訊息至大腦其他多處的腦區，比方說是杏仁核、視丘、顳葉、扣帶迴、前額葉皮質等。其功能主要是負責人類決策過程獎賞的評判、控制人衝動、強迫意念以及各種慾望和情緒的產生。上述的情緒包括有：後悔、憤怒、尷尬、愉快等情緒的產生。特別是關於人類後悔情緒的生成，眶前額葉皮質是主要負責的腦區。另外，它也可以調節杏仁核所引發的害怕反應。

眶前額葉皮質能因應不同的社會情境，產生出相對應的情緒，然後再透過情緒的反應，來指引我們的行為。如果眶前額葉皮質受損的話，我們的人際因應以及社交行為就會受到很大的影響。一個循規蹈矩的人，如果這個部分受損，他的行為很有可能會出現開黃腔，或是目無法紀的失控行為。

眶前額葉皮質和背外側前額葉皮質，就像是羽球雙打一樣，需要一起合作才能發揮最大的功效。如果眶前額葉皮質沒有發揮它該有抑制杏仁核活性的功能，被激活的杏仁核就會干擾背外側前額葉皮質的表現，導致背外側前額葉皮質所掌管的工作記憶、計畫、抽象思考等執行功能，效能會受到影響；另外一種情況是，背外側前額葉皮質沒有發揮良好抽

象思考、判斷及相關因應策略規劃能力，所產生的焦慮將會影響眶前額葉皮質在人際因應以及社交行為的反應。

如果我們以第一人稱的視角來經驗世界，或是進行自我調節的任務時，眶前額葉皮質會被激活；如果以情境為中心進行思考及研擬因應策略時，被外側前額葉皮質會被激活。

前額葉有許多與杏仁核連接的GABA神經細胞，可以發出訊息抑制杏仁核。前額葉受傷的人，脾氣可能會丕變，有可能會面無表情、有可能會做事漫無章法、也可能會容易暴衝等，端看其受傷的部位在哪裡？

總的來說，背外側前額葉皮質與需要認知做判斷的工作任務有關，掌管評斷現實情境以及對環境脈絡做出預判；內側前額葉皮質則負責分辨期望和現實情況的差距；眶前額皮質與情緒處理的工作任務有關，掌管衝動、動機、以及情緒。

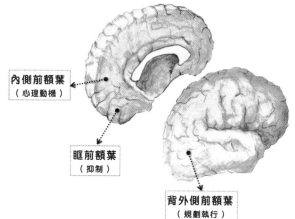

內側前額葉
（心理動機）

眶前額葉
（抑制）

背外側前額葉
（規劃執行）

頂葉

額葉與頂葉（parietal lobe）以中央溝做為分界，額葉在前，頂葉在後。主要負責的功能為統整來自身體個部所傳來的初級感覺、以及知覺身體的運動感。另外，還負責整合原始感覺、身體感、空間感、本體感覺訊息的處理，以及參與和高層次之認識人我之間的環境與決策有關的功能。

頂葉還可以再分為上頂小葉（superior parietal lobule）以及下頂小葉（inferior parietal lobule）。下頂小葉與工作記憶有關係，有保持語音迴路的緣上迴（supramarginal gyrus）以及與語言和認知有相關的角迴（angular gyrus）。

楔前葉（percuneus）是一個很特別的腦區，是頂葉摺皺中的微小結構，位於上頂小葉中的一個小小腦區。就演化的歷史來說，楔前葉似乎是大腦演化比較近期才發展出來的部分，在一些比較低等級的靈長類動物中，楔前葉相對發育比較不是那麼成熟。

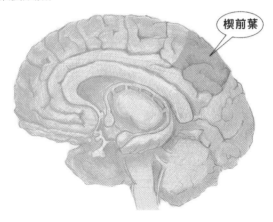

楔前葉

截至目前為止，腦科學家對於它確切的角色還瞭解不是很多。從初步研究結果的發現可知，楔前葉可能在執行廣泛較高認知功能上具有某種角色，比方在知覺、自我反思與記憶提取方面扮演相當重要的角色，是有意識自我訊息處理的關鍵腦區。它可以協助整合身體外在與內在的相關訊息，結合情緒的認知層面與情感層面，然後形成比較完整的自我意識。當中，關於和自我心理意象相關的提取，則位於楔前葉比較前面的腦區，楔前葉後部的腦區則與情節記憶的提取有關。楔前葉，可以說是我們大腦在關於自我意識訊息處理的關鍵腦區。

顳葉

顳葉（temporal lobe），位於額葉與頂葉的下面，背側是外側溝。其功能主要是負責理解聲音，參與處理記憶有關的訊息、詞義的理解和新訊息的整合，以及部分的視覺能力（例如人臉辨識）等功能。一般來說，女性的語言能力會比男性的語言能力來得好，原因有一部分會和雌激素有關係。女孩的腦袋瓜，因為雌激素會持續分泌至兩歲左右，而雌激素會影響顳葉語言功能的發展。相對來說，男孩腦中雌激素在他八個月的時候就停止分泌，顳葉語言功能的發展就受到了影響。研究也發現女性在負責語言資訊理解與處理的顳葉這個腦區的神經細胞密度，比起男性來得比較高，這也可以說明了女性語言流暢度會比男性好的部分原因。

在神經科學領域裡，有一個和顳葉有關的一個小故事。亨利・莫萊森（Henry Molaison）是一為癲癇的患者，因為反覆發作的癲癇症狀嚴重地影響了他日常的生活。於是，他的醫師協助他進行了顳葉切除手術。手術後，莫萊森的癲癇症狀的確獲得顯著的改善，但卻出現另一個影響他日常生活的新症狀。他可以記得以前的長期記憶，也擁有正常的短期記憶，但卻無法形成新的長期記憶。這樣的問題，嚴重程度可不比之前癲癇的困擾來得小。因為你問他童年的事情，他可以回答你無誤，日常生活他也可以和你做正常的溝通，只不過經過了幾個小時，他就無法記得曾經和你說過話。

是什麼原因造成莫萊森沒有辦法形成新的長期記憶呢？研究者發現，原來腦中的海馬迴及其附近相關的腦皮質，對於我們記憶的固化過程，扮演很重要的關鍵因素。顳葉的內側腦區，不只負責短期記憶的儲存，還肩負著將記憶進行加工的任務。經過記憶固化的過程，將訊息轉移至其他大腦相關的皮質區儲存，形成所謂的長期記憶。一旦這個區域的腦皮質受到損害，就無法將記憶加工傳送至其他大腦皮質形成長期記憶。如果你想要多瞭解一下顳葉受損後的相關影響，電影《我的失憶女友》值得你一看！

顳葉和記憶有相關，更精準的來說，和記憶有高度關係的應該是海馬迴皮質這個腦區。海馬迴皮質位於大腦丘腦和內側顳葉之間，主要是負責短期和長期記憶的形成，屬於邊緣系統的一部分。因為這個腦區的彎曲形狀，很像海馬，所

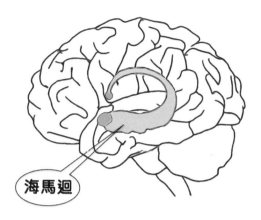

海馬迴

以被稱爲海馬迴皮質。

　　左邊的海馬迴皮質，特別與情節及語義記憶有關係。當中，齒狀迴（dentate gyrus）爲海馬迴皮質神經訊息傳遞的樞紐，它負責接受來自大腦皮質的神經訊號。齒狀迴中有一種很特別的細胞，被稱之爲齒狀顆粒細胞，主要負責特定地點的記憶，和大腦的定位系統有關係。齒狀顆粒細胞記憶地點的能力，經過幾十萬年的演化，可以協助我們記住例如山脈、街道、學校等固定的事物，因爲這些對我們的生存有相當的重要性。但是，對於會移動的物品位置，它的記憶能力就不是那麼理想，這也就是爲什麼我們會很容易找不到自己的鑰匙、書、皮包等不是固定位置的物品。

　　另外，時間記憶的排序，也和空間的記憶會一起呈現在海馬迴皮質。比方說你在準備午餐，你會先準備好錢包，出

門到市場採買你所需要的食材，採買完畢後，會趕在中午前回到家中，進廚房，然後按照烹煮所需要的順序處理相關的食材。上述時間排序的安排，主要是由前額葉皮質與海馬迴皮質一同合作才能完成。

枕葉

枕葉（occipital lobe）位於顳葉的後面，主要負責視覺處理、圖像建構等功能。分為背側皮質視覺徑路（dorsal pathway）以及側皮質視覺徑路（ventral pathway）兩種徑路。

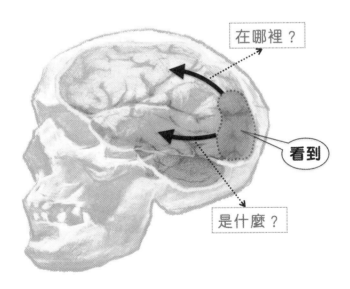

背側皮質視覺徑路，與物體位置和運動判斷有關，是一條負責辨識個體相對空間感的神經徑路（where pathway）；腹側皮質視覺徑路，接受物體各種顏色及型態的判斷，是一條負責辨識個體內容的神經徑路（what pathway）（Ungerleider & Pessoa, 2008）。

腦幹

掌管身體許多的生理反應，例如呼吸、心跳、吞嚥和反射動作相關的神經核都位於腦幹（brain stem）上，縫合核（raphe nucleus）及藍斑核（locus coeruleus）就是當中著名的神經核之一。

縫合核是位於大腦網狀結構（reticular formation）中一群神經細胞群集合，自延腦中線往下延伸至腦幹，負責大腦分泌血清素的功能，與情緒的調節有密切關係。藍斑核位於位於第四腦室底、橋腦前背部，在網狀結構中的上端，負責大腦分泌症正腎上腺素的功能，與壓力反應有密切關係。

邊緣系統、觸覺、嗅覺與松果體

邊緣系統

大腦中掌管我們情緒與感受的部位，被稱爲邊緣系統（limbic system），它在我們老祖宗進化爲人類時，就已經存在於動物腦中了。邊緣系統其實並不是一個獨立的腦區，

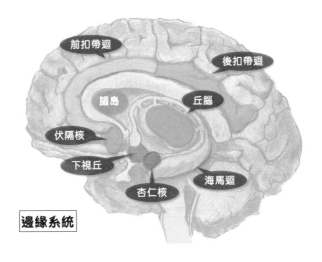

前扣帶迴

後扣帶迴

腦島

丘腦

伏隔核

下視丘

杏仁核

海馬迴

邊緣系統

而是許多神經纖維與大腦灰質所組成的複雜系統。邊緣系統位於大腦的中部，環繞在腦幹的上半部。邊緣（limbic）源自於拉丁文（limbus），有邊界的意涵。邊緣系統泛指許多大腦皮質與皮質下區相關腦區，包含有視丘、杏仁核、基底核、伏隔核、下視丘、扣帶迴皮質、腦島、以及海馬迴皮質等腦區。

　　如果你對邊緣系統已經有一些認知，可能會關於邊緣系統包含的腦區有一些疑惑。那是因為邊緣系統的定義已被多次修正，不同學者認定邊緣系統所包含腦區會略有不同，就不足為奇了。

　　邊緣系統是大腦掌管情緒的主要部位，也有人將之稱為情緒腦。它廣泛地連結中樞神經上下部分，不只可以讓大腦整合各種不同的刺激，還與下視丘有許多的連結，提供不同

神經、荷爾蒙以及臟器交互作用的介面。除了參與情感的傳遞外，邊緣系統也參與了學習與記憶的神經迴路。

丘腦

丘腦（thalamus）位於大腦第三腦室的兩側，是間腦主要解剖結構之一。它與下視丘及紋狀體有許多神經纖維的聯繫，可以讓三個結構間進行許多訊息的溝通與聯繫。

丘腦可以說是我們大腦上下訊號的轉運站，來自全身各種上行感覺訊號會先傳至丘腦做初步的分析與統整（除了嗅覺以外），更換傳遞的神經細胞，之後再傳送到大腦其他相關的腦區，做進一步更高級的訊號分析與處理。大腦發出運動的下行訊號，也會先經過丘腦，之後再傳至周邊神經系統、肌肉與骨頭等相關組織。

杏仁核

杏仁核（amygdala），位於邊緣系統內和大腦兩側顳葉的下方。「杏仁」一詞是源自於希臘語，用以描述杏仁形狀。雖然杏仁形狀部分只是杏仁核當中的一部分，並不是整個區域，但現在的腦科學家還是以杏仁核來表示這大約12個核的整個腦區。

來自身體的感覺訊息，除了嗅覺以外，都會先匯集至丘腦。經過丘腦這個大腦訊息轉運站，再轉傳至其他相關腦區做進一步訊息的處理。其中和情緒有關的訊息，會進一步轉

轉至杏仁核作處理。訊息從視丘傳到杏仁核可以分為兩條路徑：一條直接傳至杏仁核，另一條則傳至前額葉，之後再傳到杏仁核。比起後者，前者傳遞的速度會快上許多，通常不會超過半秒鐘。

　　杏仁核得到訊息的速度，比起前額葉得到訊息的速度快上許多，這也說明了通常我們對外界訊息第一時間的回應，情緒反應會比理智判斷來得快。如果我們挺得住第一時間的情緒反應，就可以讓情緒獲得來自前額葉抑制訊息的制衡。如此，情緒反應就有機會經由理智思考的判斷，變得比較緩和。

　　由於杏仁核與大腦皮質有許多的神經網路聯繫，這使得杏仁核可以在各個層面影響到我們的大腦皮質功能。然而，從大腦皮質到杏仁核的神經連結相對來得少，也因此杏仁核比較不容易受到大腦皮質所發出的訊息所掌控。它就好像一批脫韁的野馬一樣，我們的大腦需要耗費許多心力，才能駕馭它。

　　杏仁核具有調節內臟相關活動以及情緒產生的功能，是大腦用來解讀外界訊息重要的部位，能讓我們面對危險挺身而戰或是逃離現場。在大腦中，杏仁核的體積並不大，但對於情緒的急性反應卻是十分重要。一旦我們受到傷害的刺激，杏仁核的特定區域會被喚起害怕或恐懼等相關的情緒記憶，讓我們感覺到害怕，也學會了什麼事害怕。它在懷孕的第八個月就發育完全，因此在胎兒出生前，就可以體驗到恐

懼的情緒狀態。在我們生命的頭幾年，大腦杏仁核的調節，幾乎需要依賴周遭照顧者的幫忙。隨著年紀慢慢長大，我們才擁有自己獨自調控它的能力。杏仁核是我們情感記憶最重要的關鍵腦結構，不僅在嬰兒時期的情緒反應很重要，在我們整個生命歷程情緒的經驗與反應，也都扮演相當重要的角色。

身為我們大腦情緒的中樞的杏仁核，特別和求生存有關的情緒辨識尤其敏感，其中又以恐懼和憤怒兩種情緒的辨識最為鮮明。杏仁核會根據相關的訊息，判斷眼前看到的事件是重要的，還是無關緊要的。如果被杏仁核判定為重要的，杏仁核會促使相關內分泌及自律神經系統的活化，讓我們心跳加速、皮膚冒汗、肌肉緊繃。如果杏仁核判斷為無關緊要的，我們就不會出現上述的相關反應。

你可以將它想像成家中的煙霧偵測器，煙霧偵測器偵測到家中有疑似出現火災的煙霧時，就會發出逼逼的聲響。杏仁核一旦感受到危險的威脅時，就會釋放壓力相關的神經傳導物質，讓你的大腦與身體進入到「攻擊或逃跑」的警戒模式。如果解讀為憤怒，就會驅使我們攻擊；如果解讀的結果為恐懼的話，就會驅使我們逃跑。

杏仁核的敏感度有部分取決於該腦區血清素的濃度，血清素濃度太低，就會對壓力刺激有過度的反應。反之，血清素濃度高的話，則能抑制害怕與恐懼，讓我們在壓力威脅下比較不會出現戰與逃的反應。

杏仁核除了辨識及產生情緒的功能外，它也會影響到關於情緒反應的古典制約、內隱式記憶、以及調節記憶的強度。比方說遭遇性侵害而罹患創傷後壓力症候群的人，會對於性侵事件的某個細節印象深刻，但對於某些情境畫面卻又不太能記得。杏仁核對記憶的影響，和腎上腺素及皮質醇的分泌有相關。一旦杏仁核感受到壓力，上述兩種激素就會作用在杏仁核及海馬迴皮質的接受器上。短時間的壓力會強化神經突觸的可塑性，但壓力一旦拉長時間變成慢性壓力的話，反而會損害學習及記憶的能力。

　　杏仁核還有一個很特別的特色，那就是杏仁核可以用來辨識生物體。腦神經科學家發現，人類的大腦中，有特定的神經細胞是用來辨識動物，其中的杏仁核有一部分的神經細胞就扮演這樣的角色。當我們面對沒有生命的物體，人類對於有生命物體的情緒反應，具有比較多神經化學改變的基礎。也就是說，人類有著與生俱來，就對於生命體的反應有好感。杏仁核對有生命體有感的功能，特別對於嬰兒早期能獲得合宜照顧，有重要關鍵角色。因為母親特別對嬰兒的表情有感覺，讓嬰兒得以透過他的笑容讓母親留在他的身旁，養育他照顧他，以利嬰兒的存活。

　　值得一提的是，杏仁核與海馬迴皮質在負責我們注意力引導的過程中，兩者所扮演的角色不太一樣。杏仁核會將輸入訊號相似處放大，因而增強了我們對周遭環境特定目標的注意力。相對於杏仁核強調相似處，海馬迴皮質則透過過去

的經驗辨識目標物的差異性，抑制了刺激輸入的立即回應。簡單來說，杏仁核負責找出目標物的相關性，海馬迴皮質則是負責辨識差異性。舉個例子來說，杏仁核會讓我們看到蛇的時候立即做出逃開的反應，而海馬迴皮質則會協助我們從經驗中，辨識這條蛇是否有毒，讓我們不會過於大驚小怪。

懂得上述關於杏仁核的腦科學後，在這裡將杏仁核做個小摘要，以便於你可以更理解杏仁核的相關功能。杏仁核會透過三條神經路徑與其他腦區做連結：第一條是與下視丘的連結，當杏仁核將恐懼、害怕的訊息傳至下視丘後，會影響下視丘荷爾蒙的分泌。它會進一步通知腦下垂體，進而在影響腎上腺的分泌；第二條是與海馬迴皮質的連結，海馬迴皮質是我們短期記憶的儲藏空間，它會與杏仁核作頻繁的訊息交流，杏仁核會影響海馬迴皮質短期記憶的形成，海馬迴皮質之前的相關記憶也會傳給杏仁核，也會影響杏仁核情緒的形成；第三條是與前額葉皮質的連結，前額葉皮質是掌管理性反應的中樞，情緒的相關訊息會從杏仁核被傳到前額葉皮質，之後和其他相關的想法、知識等訊息混合作出綜合性的評估。同時，前額葉皮質的相關訊息也會傳給杏仁核，讓杏仁核可以經過思考後做出必要的回應，例如要立刻逃離現場，還是讓自己先冷靜下來。

細的來說，杏仁核的結構又可以分為背外側杏仁核與中央杏仁核，兩者各自負責的功能，很不相同。背外側杏仁核負責接受來自感官的傳入訊息，不斷電地24小時掃描我們

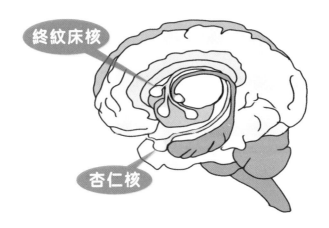

終紋床核

杏仁核

感覺到的經驗。它會直接從丘腦獲取來自不同管道的訊息，並隨時準備對任何危險訊號做出回應。另外，杏仁核新經驗的學習，是發生在背外側杏仁核。如果想要訓練杏仁核做出不同的回應，就需要讓背外側杏仁核經驗到另一種新的經驗連結，以利原本舊有的神經迴路，能產生出新的神經布線方式。

中央杏仁核和下視丘與腦幹有許多的神經連結，它可以在短短的幾毫秒間發出訊號，通知神經系統合成激活其他腦區的神經傳導物質，進而影響到相關的自律神經系統與內分泌系統。別看它小小的，卻電力很強大。只要它一發電，其他腦區都需要甘拜下風，它有絕對的掌控權。另外，中央杏仁核有高密度的腦內啡接受器，它們是結合依附行為的神經生化機制，也和我們意識的改變有關。

關於杏仁核的結構，除了需要瞭解中央杏仁核與背外側杏仁核的作用外，在神經心理諮商的領域，你還需要知道終紋床核（bed nucleus of the stria terminalis, BNST）這個結構。終紋床核也參與了對威脅監測的焦慮反應，只是它不參與突發性的危險反應，而是和比較長時間危險、情境反應較複雜的腦神經激活有關（一般是在10分鐘以上的危險反應）。在我們的日常生活中，終紋床核對心理疾患扮演的角色，有時可能還比杏仁核所扮演的角色還得重要。

　　另外，還有一個位於背外側核與中央核間的插層細胞（intercalated cell, ITC）的結構，你也需要有所認識。嚴格來說，大腦皮質並沒有直接連結到中央杏仁核或背外側杏仁核，來自大腦皮質的連結，是將訊號傳送到插層神經細胞。眶前額葉皮質與杏仁核的連結特別綿密，由眶前額葉皮質來的訊號，透過活化插層細胞上的GABA傳導物質，來產生抑制杏仁核活化的功能。一旦插層細胞被激活了，就會抑制背外側杏仁核（儲存恐懼記憶的地方）與中央杏仁核（恐懼反應的輸出）的活性。由此可見，插層細胞對於抑制杏仁核的活化有著重要的角色。

　　杏仁核除了記憶著事件發生的情緒經驗，協助我們在面對類似事件時做出快速的反應外，也會對之前沒有經驗過的某些情境感到焦慮和恐懼。比方說你沒有從高處掉下或是被火紋身的經驗，但你我卻會怕高、怕火。會有這樣的擔心，需要從演化的觀點來看。有不少人會怕蛇、怕高、怕蜘蛛，

可能的原因可以追溯到我們居住在森林中老祖宗，他們因生存需要而出現的演化過程。透過演化的影響，老祖中腦中的杏仁核被刻畫下如何迴避危險情境鮮明的刻痕，例如怕蛇、怕高、怕蜘蛛的相關記憶。這些記憶透過基因的遺傳，傳遞給下一代，讓下一代的子孫可以在他們出生的時候，就記住環境潛在的危險情境。目的是讓後代子孫可以在他們還沒有經驗過這些危險情境時，就擁有快速迴避會發生潛在危險的能力。

最後，關於杏仁核需要瞭解的是，杏仁核在接受事件刺激時的反應，會因為男女的不同，而有所差異。一般來說，男性的杏仁核會大於女性的杏仁核，因此男性比較容易衝動，做事也會比女性積極一些；在接受刺激的時候，男性偏向活化右半腦中的杏仁核，對於理性的重點比較有記憶；而女性在接受刺激的時候，則偏向活化左半腦中的杏仁核，讓我們記住情緒的相關細節；男性對於情緒相關的腦部活動，比較侷限於杏仁核腦區，而女性的杏仁核有部分會連結到掌管語言中心的大腦皮質，這意味著女性比男性會表達自己的感覺。

基底核

基底核的英文名字為basal ganglia，當初會被命名為這個名字，其實是一個美麗的誤會。原因是ganglia原本的意思是指周邊神經系統的神經節，但是基底核不是周邊神經系統

的神經節，而是位於我們大腦中的神經細胞體，理論上應該是以「nucleus（核）」來稱謂。雖然有這個誤用，但廣爲大家所接受的中文翻譯爲基底核，卻又糾正了這個錯誤。

基底核是包裹在丘腦的周圍，大腦左右兩側各有一個基底核。不同的學者，對於基底核涵蓋的範圍也有不同的定義。一般來說，基底核包括有：尾核（caudate nucleus）、殼核（putamen）、蒼白球（globus pallidus）、視丘下核（subthalamic nucleus）、以及黑質（substantia nigra），也有一些人將杏仁核歸入基底核。

基底核中不同神經核的神經細胞會分泌不同的神經傳導物質，當中麩胺酸在神經訊息傳導中負責興奮的功能，GABA在神經訊息傳導中負責抑制的功能，而多巴胺在神經訊息傳

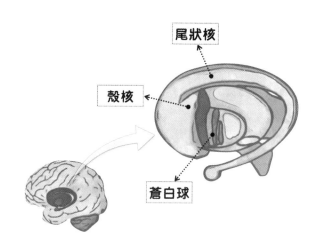

導中的功能是興奮還是抑制，則需取決於神經細胞接受器的種類，可以是興奮性，也可以是抑制性的功能。

　　當中，尾核與殼核又和伏隔核也一起被腦神經科學家稱之為紋狀體（striatum），是基底核主要的輸入通道。紋狀體70%以上為輸出的神經細胞，而輸入紋狀體的神經細胞主要在自大腦皮質、視丘、以及杏仁核。其功能主要是負責學習與記憶，特別是自動化反應內隱式記憶的學習，以及整合調節細緻的意識活動與運動反應。另外，也和成癮、強迫症、妥瑞氏症、巴金森氏症等有關。基底核如果產生病變，會導致運動與認知障礙的相關疾患。

　　大腦中的紋狀體有一個很重要的功能，就是它會將我們某種特定的重複行為，打包成一個自動化的習慣性程序，讓我們在無意識的情況下，很容易地被我們的大腦調出來使用。

　　腦科學家發現，我們的行為從一開始有目的的學習開始，起初是由大腦前額葉來控制這個行為，腹側紋狀體也會先被激活。隨著這個行為不斷被練習且重複，動作變成自動化且習慣性，我們大腦中腹側紋狀體的被激活也會逐漸地轉移至背側紋狀體被激活。在這轉變的過程中，大腦前額葉對該行為的監控能力也逐漸變弱。一旦紋狀體將動作過程打包好自動化習慣性的程序，我們的大腦前額葉皮質就會放棄對這個動作的控制權。也就是說，紋狀體幫我們一連串行為打包成一個套組，行為慢慢地自動化，讓我們在執行這個行為

時，不用花太多的思考，不需要太多和意識有關的神經細胞參與。假如到了這個地步，好處是熟能生巧，壞處是這個習慣就會很難被改變了。

在行為動作打包的過程中，腹側被蓋區到伏隔核這條多巴胺獎賞與動機的神經迴路也會參與其中。倘若我們對這個行為保持強烈的好奇心、渴求感，並且在行為結果有獲得適時的獎賞回饋，就會讓紋狀體行為習慣程序打包的過程來得更加快速。

卡恩曼在他的暢銷書《快思慢想》中提到，自動化思考十分快速，在意識還沒有知覺的情況下，就幫你完成了某些事。通常只要簡單的刺激，無需要太多深思熟慮，就能做出反應。當中他所提到自動化的快思部分，就和大腦中紋狀體的打包很有關係。

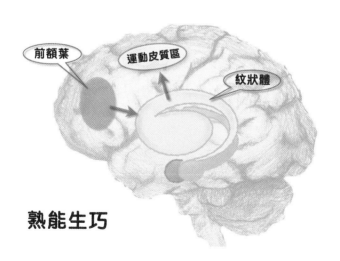

前額葉　運動皮質區　紋狀體

熟能生巧

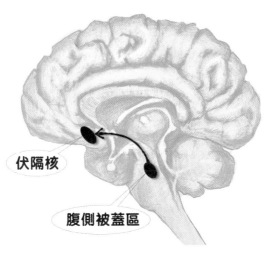

伏隔核

腹側被蓋區

伏隔核

大腦左右腦半球各有一個伏隔核（n u c l e u s accumbens），它位於尾狀核的頭部、殼核的前端。這個腦區習慣被翻譯成伏隔核（也有學者將之翻譯成依核）。伏隔核主要的功能是負責產生愉悅感、興奮感，它可以偵測我們對事物渴望的程度。在大腦的獎賞的腦迴路中，伏隔核扮演不可或缺的角色。

腹側被蓋區是中腦的一個區域，和多巴胺的兩條主要神經通道有關，一條是中腦皮層通道（mesocortical pathway），從腹側被蓋區通往額葉皮質；另一條是中腦邊緣系統通道（mesolimbic pathway），從腹側被蓋區通往伏隔核。伏隔核就是接受來自中腦邊緣系統通道腹側被蓋區的多巴胺，這條通道特別與我們的動機與成癮行為有關係。

另外，當伏隔核中的多巴胺分泌比較多的時候，負面的期望就會降低，相對來說，也會讓人對前景感到比較樂觀一些。

來自前額葉皮質的訊號（麩胺酸的釋放），對於伏隔核多巴胺的分泌有調節的功能。這樣的調節功能，對於促進大腦切換策略的能力有相當的重要性。除了接受來自前額葉皮質外的神經訊號，伏隔核還接受杏仁核、海馬迴、腹側被蓋區（ventral tegmental area）以及終紋床核（Bed nucleus of the stria terminalis, BNST）的訊號。經過處理後，再透過蒼白球、下視丘、腦幹上的黑質將相關的訊息向外輸出。至於伏隔核中神經細胞所投射到其他腦區的神經傳導物質，主要是GABA。

另外，伏隔核在我們期望下一次進行某種目標行為時，該區的神經細胞的活性會增加。前額葉皮質的神經細胞是在計畫活動時被激活，而紋狀體則是在執行活動的時候被激活。同樣是和目標行為有關，但隨著目標的計畫、執行、與預期下一次目標的不同，動用到的腦區也會不一樣。

扣帶迴

邊緣系統中占最大部分的是扣帶迴皮質（cingulate gyrus），它位於胼胝體外側，前後走向的腦迴，從前額葉往後連結到大腦後側，形成一個帶狀，再深入到顳葉的下端，之後再連結到顳葉的尖端和杏仁核。主要的功能是控制目標導向的行為，參與了學習、記憶、獎賞、社交、以及情緒訊

息處理的整合中心，接受來自感覺與運動神經細胞的相關訊號。

　　扣帶迴皮質又可以分為前扣帶迴皮質（anterior cingulate cortex, ACC）以及後扣帶迴皮質（posterior cingulate cortex, PCC）。比起後扣帶迴皮質，前扣帶迴皮質的功能比較明確，主要是負責情感的加工與調節、同理反應、以及有社交驅動的互動行為，和我們痛苦的感受、執行功能的控制、衝突的監控、以及警覺的進行有相關。在解剖學的相對位置來說，前扣帶迴皮質是從前面的眶前額葉皮質與前額葉皮質，然後延伸到上方的輔助運動區（supplementary motor area）。

　　前扣帶迴皮質，還可以細分為上下兩個部分。根據認知（背側）和情感（腹側）成分在解剖學上進行劃分，上半部稱為背側前扣帶迴皮質（dorsal anterior cingulate cortex），與前額葉皮質和頂葉皮質以及運動系統相連，主要負責我們選擇注意力的功能，處理由上而下以及由下而上的訊息刺激，並且適當地控制及分配注意力大腦的其他區域；下半部稱為腹側前扣帶迴皮質（ventral anterior cingulate cortex），與杏仁核、伏隔核、下丘腦、海馬迴和前腦島相連結，主要負責我們的情緒的調節，以及評估動機訊息的重要性與否。當我們努力完成一項任務的過程（例如解決問題或是學習的早期），前扣帶迴皮質在當中扮演不可或缺的角色。

在神經細胞的結構上，前扣帶迴皮質和其他腦區不太一樣，在這個腦區擁有許多梭狀形的神經細胞。相對於其他神經細胞，梭狀形的神經細胞只有在人類及其他靈長類的動物（猴子、大象、鯨魚）腦中出現。這種神經細胞，可以協助大腦錯誤偵測以及面對不同訊息的監控與處理。在神經心理學領域，史楚普實驗（Stroop test）就是一個很有名的例子。

史楚普實驗又稱文字與顏色衝突實驗，這個實驗是由美國心理學家史楚普於1935年所提出的概念。內容是當受試者被要求回答某個字面意義與顏色不相同的字詞時，受試者受到自身對文字字義認知的影響，進而干擾到他對顏色的判斷，導致他在回答問題的反應時間上，花了比較多的時間。當中負責處理訊息不一致的大腦腦區，就是前扣帶迴皮質。後續有許多的心理學家，將史楚普實驗做進一步的研究，當進行與情緒有關的史楚普實驗時，發現腹側前扣帶迴皮質被激活的程度比較高；當進行與情緒無關的史楚普實驗時，則是發現背側前扣帶迴皮質被激活的程度比較高。

簡單來說，大腦就是不能接受不合理的事，一旦有不合理的事情發生、內心發生衝突，背側前扣帶迴皮質就會釋放疼痛的訊息。這個時候，為了要緩和疼痛，我們的大腦就會本能地對衝突事件做出合理化的解釋，讓我們遠離痛苦的感受。

另外值得一提的是，當身體出現疼痛的時候，前扣帶迴

皮質也會被激活。相對於負責身體疼痛本身感知的腦區是在感覺運動皮質區，前扣帶迴皮質參與疼痛的體驗是在對疼痛感知後相關情緒反應的辨識。除了身體疼痛情緒反應的辨識外，前扣帶迴皮質還參與監控社會情境是否有被排斥或拒絕的監控。一旦我們在社會脈絡下感受到被排斥或拒絕，前扣帶迴皮質也會被激活，社會拒絕的自我感受程度越強，前扣帶迴皮質被激活的程度也越高。

相對於前扣帶迴皮質，後扣帶迴皮質功能就比較難以被確認。在有限的科學研究結果顯示，後扣帶迴皮質和顳葉內側的腦區（例如內嗅皮質和旁海馬迴）有許多的神經連結，因為內嗅皮質和旁海馬迴主要負責情節記憶以及關聯性的學習，這也意涵著後扣帶迴皮質和內在指向的認知、情節記憶的提取、計劃未來等腦功能有關。

後扣帶迴皮質也被認為是預設模式網路的一個部分，當大腦處於休息狀態時，參與了大腦區域功能系統的連結，特別是那些無關於意圖或無目標導向工作任務時情節記憶的提取。當我們人在進行和自我相關的思考活動時，後扣帶迴皮質也會被激活。相反的，在我們進行有意圖任務導向的活動或是冥想時，它被激活程度相對比較低。另外，這個腦區也被認為和持續性的思考有關，但如果後扣帶迴皮質過度激活，則會讓我們出現「執著」的副作用。

腦島

　　腦島（insula）是大腦皮質一個很特別的腦區，它被包在外側溝的裡面，沒有辦法直接從腦的外部觀察到。相對位子是位於前額葉、頂葉、以及顳葉的匯合之處。有一些學者將腦島看作是一個獨立的腦區，與額葉、頂葉、枕葉、顳葉等並列；但也有一些學者有不同的觀點，將它視爲是顳葉的一部分，或是被視爲是邊緣系統的一個部分。

　　位於大腦深處的腦島，它接受來自個體皮膚以及身體內臟神經感受器所傳來的生理狀態資訊，包括對冷、熱、痛、癢、心跳、膀胱張力、口渴、味覺、飢餓不同的感覺，也會將訊息傳至杏仁核、邊緣系統以及其他大腦決策的相關腦區（例如前扣帶迴皮質以及前額葉），參與了情緒加工的過程。簡單來說，腦島可以將來自身體的感覺轉譯成理智上可以辨識的情感，可以說是我們身體感覺與情緒的橋樑。在神

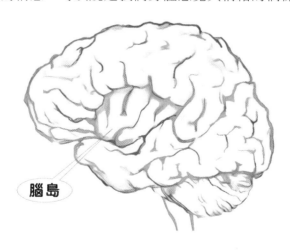

腦島

經心理學的領域中，被稱之爲內在感受（interoception）。

　　愛撫、心跳、飢渴、性衝動、腸胃道感覺等的內在感受和身體的本體感覺（proprioception）不一樣，內在感受比起本體感覺，和我們的情緒、行爲比較有關聯性。內在感受的神經傳遞，和本體感覺的神經傳遞也不一樣。內在感受是由無髓鞘的感覺神經傳遞到腦島。相對於有髓鞘的感覺神經，無髓鞘的感覺神經傳導的速度會比較慢，而其他身體的本體感覺則是藉由傳遞速度比較快的有髓鞘感覺神經傳遞到大腦的主要體感覺區。

觸覺

　　人體的感覺器官主要有視覺、聽覺、嗅覺、味覺和觸覺五種。負責觸覺接受的皮膚，是身體最大的器官。觸覺是胚胎發育過程中最先發展的感覺系統，並且在出生的時候，就已經發育得很完善。

　　觸覺經驗常伴隨著豐富的情感訊息，打從我們呱呱落地後開始，在我們與他人互動的人際關係，就扮演相當重要的角色。在神經心理學領域，已經證實觸覺能引發著神奇的心理感受作用。例如媽媽用溫暖的手觸摸孩子的額頭，除了可以初步檢測孩子有沒有發燒外，還可以讓孩子感受到被關心的感覺；將我們的手放在處於緊張不安的朋友間上，接觸的感覺可以讓他感受到被安慰。但如果在搭捷運的時候，肩上被陌生人的手所接觸，那種感覺鐵定是有一種被冒犯的感覺。

依據幼兒發展的相關研究，觸覺是幼兒與生俱來的能力，剛出生的孩子，特別喜歡被觸摸，因為觸摸會讓孩子感受到愛與歸屬的感覺，可以建立起安全依附的關係。

為何觸覺能引發我們這麼神奇的心理感受？首先，我們就需要對觸覺的接受器有一些瞭解。觸覺接受器廣泛地分布於皮膚中，是一種極為複雜的感官系統。人類的表皮由兩種觸覺系統所支配，一種是由直徑較粗、有髓鞘、傳導速度較快的神經纖維所負責，主要負責傳遞疼痛感覺、溫度感覺；另一種是由直徑較細、無髓鞘、傳導速度較慢的神經纖維所負責，主要負責傳導溫柔接觸的感覺，和傳達著情感、親密關係、社交行為的訊息。

直徑較細、無髓鞘、傳導速度較慢的神經纖維很特別，是1939年瑞典神經生理學家左特曼（Zotterman）在貓的

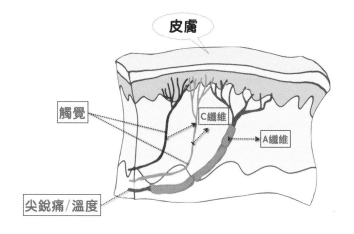

皮膚觀察到一種很特別的神經纖維。這種神經纖維，被稱爲C神纖維（C fiber）。更精確來說，它應該被叫做CT纖維（C-tactile fiber）。雖然它和傳送痛覺的C纖維是同一家族，但卻有著很不一樣的功能。CT纖維對於每秒緩慢移3-5公分的觸覺刺激特別有感覺，一旦接受到這種輕輕柔柔緩慢的刺激，我們的大腦不僅可以辨識這個觸覺的物理性質，還會將這種訊息透過大腦的情緒網絡，將之轉譯成爲人與人交流的心理訊息。

嗅覺

　　鳥類在其生命早期發展依附關係的階段，是以視覺爲主。小時候如果你有養過鴨子的話，就會對印痕作用（imprinting）很有印像。鴨寶寶出生後第一眼看到的物體，牠會將之視爲媽媽。即便這個物體不是一個生命體，鴨寶寶還是會讓認爲它可以提供牠協助與保護。然而，影響哺乳類社會行爲的重要器官，嗅覺與觸覺反倒變成很重要的關鍵角色。例如小狗的嗅覺與觸覺，決定了牠90%與周遭互動的思考。

　　爲何著重諮商心理學的本書，會特別提到嗅覺這個感覺受器呢？原因無他，因爲也是哺乳類的我們，嗅覺是刻畫大腦記憶一個很重要的關鍵。而記憶在諮商心理學、教育心理學以及日常生活的運用上，又是一個特別重要的議題。

如果從人類演化歷程的角度來看嗅覺與記憶的話，你就不難理解爲何兩者會有那麼密切的關聯性。在過去人類還在狩獵以及需要吃野外植物的時代，那時我們沒有任何可以檢驗食物是否有毒的工具。爲了生存，唯一的判斷就是靠氣味去記住這個物質是否有危險？經過幾十萬年的演化，嗅覺和我們記憶的關係，就越綁越緊。

　　你喜歡喝咖啡嗎？如果答案是的話，你愛上的可能是那喝咖啡的記憶。嗅覺球（olfactory bulb）是一個很獨特的腦區，位於大腦很原始的古老皮質上。嗅覺，是人體五官感覺中唯一不經由丘腦，而直接將訊息傳到大腦與情緒及記憶中樞做連結的感官感覺。唯有嗅覺接受到的資訊，會直接迅速傳遞到杏仁核與海馬迴，所以氣味的感覺很容易影響到我們情感與記憶的判斷。這也說明了，氣味、情感與記憶之間，爲何會有這麼緊密的連結關係，特別是氣味與情感間的連結是如此緊密。

　　嗅覺球和海馬迴與邊緣系統有相當程度的連結，海馬迴和我們的記憶有直接關聯，而邊緣系統則和我們情緒、與行爲反應有關，所以當我們聞到某種味道時，就很容易觸動某種記憶與情緒。比方說聞到咖啡會有振奮的感覺、聞到小時候常吃的碗糕會有家鄉味的感受。下次，當你聽到有人聞到與過去有意義事件相關的氣味，會先讓人產生情緒反應，接著才有記憶產生的描述，或是只有情緒反應而難以想起確切記憶的描述，就不會那麼感到意外了。

嗅覺與情緒

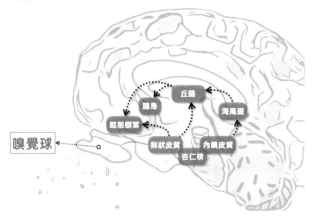

丘腦

腦島

眶前額葉

海馬迴

嗅覺球

梨狀皮質　內嗅皮質

杏仁核

　　既然嗅覺的記憶和其他的記憶輸入的路徑不太一樣，那麼參與嗅覺記憶過程的腦區是否也和其他記憶過程的腦區不一樣？的確，腦神經科家發現，有一個名叫做梨狀皮質（piriform cortex）的腦區，參與了嗅覺的記憶過程，當然，嗅覺記憶不是單一腦區可以完成，還需要有其他相關的腦區參與（Saive, Royet, & Plailly, 2014）。

　　嗅覺是一種很直接、很快速、沒有經過太多思考就能喚起我們本能行為和情緒記憶的一種感官，因為它直接與海馬迴與邊緣系統連結。另外值得一提的是，比起視覺記憶，嗅覺記憶的準確度會比視覺記憶的準確度來得高。根據一項美國嗅覺協會的統計，回想1年前氣味的準確度會高於回想3個月前看過照片的準確度。比起氣味本身引起身體的化學反應，我們大腦對於所聞到的氣味，會有更多不同心理層面

的解讀，而且解讀會因人而有很大的不同。比方說，我們愛吃的臭豆腐，西方人可能會避之唯恐不及。西方人喜愛的起司，我們也有不少人覺得味道不怎麼樣。

松果體

　　松果體（pineal body）是形狀像一顆小松果，位於腦部中央，在左右兩個大腦半球的中間，裹在兩側丘腦的接合處，主要的功能是負責褪黑激素的製作。

　　眼睛中的視網膜接受到光線的刺激，會將光線的訊息傳達到腦部深處的視交叉上核（suprachiasmatic nucleus）。視交叉上核可以說是我們大腦的生理時鐘，負責調節著人體日夜節律的變化。白天和黑夜光線明暗的變化，透過眼睛底部視網膜的感光細胞，會讓我們的腦部的神經傳導物質，起了不同的變化。這個負責解讀視網膜傳來訊息的神經組織，就是我們腦部的松果體。

　　米粒般大小的松果體，大約會在天黑後的一小時，產生了褪黑激素。褪黑激素會告訴我們身體黑夜已經來臨的訊號，讓我們的大腦產生睡眠的慾望，並且啟動睡眠的機制；當褪黑激素分泌較少的時候，我們的大腦就會慢慢地甦醒，有助於維持白天的正常活動。

　　一般來說，我們的生理時鐘偏好是一天有25小時，透過光線影響松果體，我們的生理時鐘就會被重新校正一次，讓我們可以適應一天是24小時的自然節律。

腦發育、神經可塑性與神經老化

我們大腦，因年紀的不同，可以劃分爲嬰幼兒的腦、青少年的腦、成年的腦，以及老年的腦。不同時期的腦，在腦發育、神經可塑性，以及神經老化這幾個層面，會各自有不同程度的展現。

腦發育

在胚胎的神經發育過程中，我們腦神經管會分化爲五個部分：端腦（telencephalon）、間腦（diencephalon）、中腦（mesencephalon）、後腦（metencephalon）、延腦（medulla oblongata）。端腦和間腦合成爲前腦，後腦和延腦合成爲腦幹。

大腦發育可以分爲在媽媽肚子裡的時期，以及分娩後的時期兩個階段來探討。在媽媽肚子裡的胎兒腦，有兩個關鍵的發展階段。第一個關鍵時期是，懷孕的第四週。因爲此時腦部神經管的上部開始發生彎曲，分化爲前腦、中腦及後腦的基本結構。影響這個時期的腦發育，除了遺傳外，懷孕的媽媽也需要保持飲食均衡，遠離有毒物質（例如香菸、酒、毒品、甲醛等）；另一個關鍵時期是，懷孕的第二十週。因爲此時胎兒的視覺、聽覺開始發育，可以接受來自外界的刺激。在這個時期的懷孕媽媽，除了需要有良好的均衡飲食外，還需要多與肚子中的胎兒做互動，比方說進行胎教音

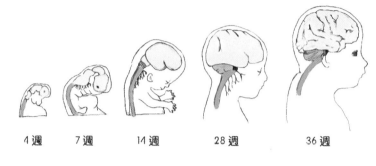

| 4週 | 7週 | 14週 | 28週 | 36週 |

樂、或是與胎兒對話，都可以刺激胎兒腦部的發育。

　　大約受孕後的60天，性荷爾蒙（特別是男性荷爾蒙）讓胎兒的腦依性別不同，產生差異的分化。胎兒在媽媽的肚子裡，胚胎的原型一開始都是女性，大約發展到六週左右，男性的胚胎因為有雄性激素的刺激，就會發展成男性的腦。而女性的胚胎，因為少了雄性激素的刺激，所以就維持原來的發育的軌道，發展成女性的腦。

　　另外，胎兒腦中下視丘的發育，也會受到母親HPA軸的影響，在胎兒來到了這個世上時，下視丘就大致發育成熟。因此，懷孕母親讓自己身心保持健康，也可以避免HPA軸過度活化，而影響孩子的腦發育。

　　分娩後的大腦，神經迴路有兩次的大翻修，第一次在0～3歲的嬰幼兒時期，第二次是在青春期。一個人出生時的腦重量，大約是成人腦重量的25%，一年後的腦重量是成人腦重量的60%，大約來到了三歲左右，孩子的腦重量就接近成人的腦重量了。很顯然地，人最初的三年是大腦發育最快的時

候，當中讓大腦重量增加最重要的因素，不是神經細胞大量分化的結果，而是神經細胞與神經細胞間突觸的增加以及神經纖維長度變長有關。

研究顯示，在嬰幼兒時期，神經細胞與神經細胞間突觸的連結，受到依附關係的影響很大。母親與嬰幼兒互動的過程，如果母親對嬰幼兒的需求，展現出具有情感回應的照護，特別是母親與嬰兒間發生肌膚的接觸，就會使孩子的大腦分泌催產激素。當孩子的大腦分泌催產激素時，就會展現出和母親有相互連結的社會行為。而母親因為嬰兒吸吮媽媽的乳頭，也會讓母親腦中催產激素的分泌增加。孩子展現出與母親有安全依附的關係，也會使母親的大腦分泌催產激素。母親腦中催產激素分泌增加的結果，會使她腦中杏仁核活化的程度下降，這會讓她面對孩子不成熟的行為時（例如肚子餓時哇哇大哭），比較有耐心。另外，嬰幼兒因為感受到來自母親具有情感回應的照護，他的臉上會自然地露出滿意的笑容。母親看著孩子無敵的笑臉，她腦中腹側被蓋區到伏隔核的神經迴路會被激活，導致她會愛上對孩子的照護行為，形成具有滋養性的依附行為。

孩子大腦的發育，來到了一歲～兩歲左右。孩子的右側大腦發育會比較早，在媽媽的子宮就開始發育。相對來說，左側大腦的發育就稍微晚了一點。在生命的頭一兩年，右半大腦相對於左半大腦的功能會比較活躍一些。右腦主要負責意象、整體思維、非語言的肢體等資訊的處理，擅長使用直

覺、情緒、視覺、空間和觸覺等訊息；左腦主要負責邏輯、口語、語言的書寫、線性和文字思維等資訊的處理，擅長使用語文、次序、分析等訊息。

2～3歲的孩子，隨著孩子的長大，孩子與世界的互動，慢慢地從以右腦為主的體驗感受，轉移到以左腦為主的邏輯思考。這個階段的孩子，父母陪著孩子看故事、說故事就變得很重要。因為孩子在默讀的過程中，他大腦的布羅卡區（特別是左腦）也會跟著活化起來，通過原來記憶的迴路，帶動大腦相關腦區的運轉，並在孩子的腦海形成一個聲音，不斷播放他所看得到內容，形塑出他對這個世界的認識。另外，在這個時期的孩子，他腦中在記憶過程扮演重要角色的海馬迴皮質，也開始慢慢發育成熟。左側大腦皮質及海馬迴皮質的發育，孩子認識世界的方法，也有了很不一樣的方式。

神經系統的分化，起源於胚胎的外胚層。以突觸的數量來說，剛出生的嬰兒，大約有50萬億個突觸（大約是成人的1/10左右），三歲的時候，突觸的數量大約是成人神經突觸數量的兩倍（Shore, 1997）。神經細胞與神經細胞間突觸大量增加的現象，在3-4歲以後變得比較緩慢。孩子腦中的神經突觸連結，會基於他與周遭他人的互動經驗，讓腦中的神經突觸連結產生了修修剪剪。來到了14歲左右，孩子的突觸數目就和大人差不了多少了。

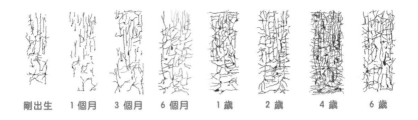

| 剛出生 | 1 個月 | 3 個月 | 6 個月 | 1 歲 | 2 歲 | 4 歲 | 6 歲 |

　　大腦各部位會以不同速度發育，各個腦區都有其特別發育旺盛的時期。例如顳葉突觸在出生後三個月達到高峰，視覺皮質的突觸大約在一歲左右達到高峰，額葉皮質的突觸在2～3歲左右達到高峰（Brown, 2000）。海馬迴發育的關鍵期在3～5歲，胼胝體發育的關鍵期在9～10歲，前額葉皮質發育的關鍵期在14～16歲。在不同腦區發育的關鍵時刻，大腦的腦區特別容易受壓力的影響而出現重大的損傷。

　　在青春期的大腦，其神經細胞突觸連結的修剪程度之高，僅次於三歲以前神經細胞突出連結的修剪。當中性別也有部分差異，比起女孩，男孩大腦中神經細胞突出連結的修剪會稍微慢一些，大約晚1～1.5年。

　　男女性別不同，體內的荷爾蒙也會有很大的差異。荷爾蒙的不同，腦部結構與發育會受到不一樣的影響。這些差異會呈現在大腦不同的部位，影響了男女性別不同在語言、情緒、空間感等不同功能的差異性。一般來說，腦部整體的發育，女性會比男性早一些成熟，女性大約在23歲左右，男性成熟的時間則座落在25歲左右；若以局部腦發育來說，女性

額葉的發育在11歲左右達高峰，男性額葉發育高峰，則晚女性大約一年；涉及空間知覺的頂葉，男性的頂葉比女性的頂葉大，解釋了部分男性比女性較有空間感；女性的胼胝體體積比男性的胼胝體體積來得大，可能讓女性左右腦功能的協調比男性來得好；女性的性驅力中心位於下視丘中的腹內側核（ventromedial nucleus），男性性驅力中心則位於視交叉前核（preoptic area），這可能導致女性偏向與自己喜歡的人性關係，而男性則容易被性感的人勾起性慾；掌管恐懼的杏仁核，男性就比女性來得大，所以男性對情緒的反應，相對來說就會比女性來得比較激烈；前扣帶迴皮質的部分女性會比男性大，因為前扣帶迴皮質與注意力分配與錯誤偵測有關，所以相對於男性，女性做事會來得比較細膩及謹慎一些；另外，女性的腦島比男性的腦島大，這可能也會使女性的覺察能力比男性來的佳。

最後，談到大腦的發育，就不可以遺漏髓鞘的形成。雖然我們的大腦基本結構和重量在三歲左右就發育八成以上，但是神經連結的發育過程，要到成熟需要到20幾歲才完成。其中髓鞘的形成，在大腦成熟的過程中，扮演相當重要的角色，因為髓鞘會大幅提升神經細胞傳遞的效能。

髓鞘的形成，在孩子還小的時候，只有幾個腦區的神經細胞有明顯的髓鞘，隨著年紀的增加，髓鞘的形成也跟著增加。在長大成人的過程中，髓鞘的形成是從大腦皮質後端（靠近頸部的地方）先開始，慢慢地再發展到大腦皮質前端

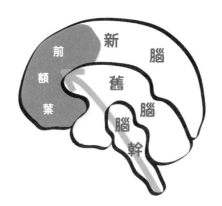

腦發育歷程

1. 由下往上
2. 由右至左
3. 從後至前

（前額的部分）。負責感覺與運動神經細胞的髓鞘化在孩童的早期就已經完成，但在前額葉皮質的神經細胞髓鞘要達到完全成熟，則大約需要到24～25歲左右。影響髓鞘形成的過程，有兩個常見的因素：一個是營養，另外一個是養育方式。

做個小結，大腦的發育歷程，通常會由下往上，由右至左，從後至前。發育的歷程中，每次新的體驗，就會讓大腦神經細胞間的突觸的連結增加，突觸被使用的機會越多，就越有可能成為大腦永久結構的一部分。反之，不常使用，在「用進廢退縮」的原則下，突觸就會不斷地萎縮、甚至消失。

神經可塑性

大腦是有彈性的，在神經心理學領域被稱之為神經可塑性。可塑性的概念，指的是我們的日常行為所做的、所想

的、以及所感受的每一件事，都是到腦神經細胞或神經細胞之間的連結所影響。也就是說，人的認知、感受、及行為是根基於這些神經細胞的生物機制。另外，我們與周遭環境互動所產生的想法、情緒、以及行為，也會回頭回饋給大腦的神經細胞，進一步影響其連結型態。

　　以腦科學的角度來說，我們的大腦其實時時刻刻都在經歷重新的塑造。你輸入什麼給你的大腦，大腦就會變成什麼樣子。這就像我們到健身房雕塑肌肉一樣，使用越多的肌肉，就會變得越強壯。有一個關於神經可塑性的研究，發現倫敦計程車司機，在其還在執業的時候，他們的海馬迴有明顯的增長，但在他們退休以後，海馬迴相對地就發生了萎縮。這樣的研究結果，說明了我們神經，會因為周遭環境的影響，因而不斷的產生連結和變化。另外，還有一個有趣的研究，是關於鋼琴家腦的研究。研究發現，鋼琴家僅僅運用意念在頭腦想像練習彈琴，跟實際用鋼琴練習彈琴的鋼琴家，某種程度上，在其動作、速度的表現，幾乎沒有很大的差異。這也說明我們的大腦，是可以運用意念來改變的。現今的神經心理學家常使用赫布理論（Hebbian theory）來解釋神經可塑性。赫布理論的意思是「一起激發的細胞會連在一起（Cells that fire together, wire together.）」，更具體一點，就是說，兩個神經細胞如果同時被激活，那麼它們之間的連結就會變得更強，訊號的傳遞就會變得更有效率。

　　日常生活經驗可以透過神經新生（neurogenesis）、

突觸再生（ｓｙｎａｐｔｏｇｅｎｅｓｉｓ）、髓鞘形成（myelinogenesis）、以及表觀遺傳學（epigenetics）四種方式，來改變我們大腦的結構與功能。

　　當中的神經新生，指的是神經幹細胞轉化為具有功能性的神經細胞。這些具有功能性的神經細胞，加入到我們的原有的神經網絡系統，完成所謂的神經新生。大腦的神經幹細胞，在你出生後，有一部分仍是處於未充分發育、或是完全沒有發育的原始狀態。這些未充分發育或完全沒有發育的神經幹細胞，會因為受到外界環境的刺激，進而誘發它繼續發育。倘若將一個剛出生的嬰兒將之與世隔絕，將外界的刺激降到最低，那他的神經幹細胞有一大部分就不會進入發育的歷程。

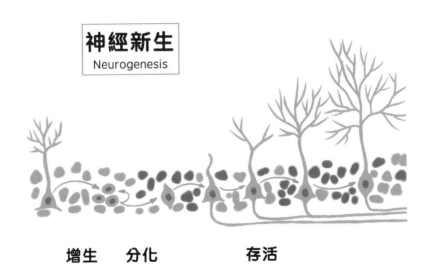

神經新生
Neurogenesis

增生　　分化　　　　存活

過去有一段時間，人們都一直以爲神經新生只會在胎兒發育階段發生。但現在的腦神經科學家證實，成人的大腦也會有神經新生的現象。但近期相關的研究發現，有幾個腦區在成年後，仍保有可以再生新神經細胞的能力，比方說與學習和記憶有關的齒狀迴、負責傳遞嗅覺訊息到腦部的嗅覺球，以及腦室下區（subventricular zone）。神經新生的現象，會受許多因素所影響，包括長期壓力、憂鬱症、大量酒精等因素。

　　突觸再生指的是建立及強化兩個神經細胞間的連結。一般來說，神經的改變不是那麼快，通常需要多次重複新的習慣才能讓神經的改變發生。另外，改變的速度也和動機及恐懼程度有關，來自伏隔核及杏仁核神經傳導的影響，也會讓神經可塑性變得比較容易發生。

　　雖然人的一生腦神經細胞之間的突觸連結與神經細胞的新生會不斷的發生，但是上述兩者的效能會因爲年紀的不同而有所差異。研究顯示，腦神經細胞發育的高峰期是在兒童及青少年階段，這也說明了孩子的學習力比大人好的原因。

　　髓鞘形成指的是神經細胞軸突外形成的過程，此作用可使神經纖維的電位衝動傳導不受干擾，並且讓訊號傳導速度變更快。神經纖維的髓鞘，你可以想像它是電線的絕緣層，可以使神經細胞在傳遞訊息時更爲準確，也更爲有效率。倘若神經細胞髓鞘化不好的情況下，電位訊號就會容易漏電而消散，傳遞的效能就會減弱。

表觀遺傳學的意思是「在基因組之上」，指的是在DNA沒有改變的情況下，透過表觀遺傳學的機制，就可以改變遺傳基因的表現。人類的基因大約30000多個，而圓蟲的基因大約20000個。兩者差距雖然只有10000多個基因，但人類的行為表現，顯然比圓蟲複雜得許多。當中一個很重要的原因，就是表觀遺傳學的關係。基因並不能代表一切，表觀遺傳解釋了基因遺傳會受到環境的影響而有不同的表現。研究發現，即便是同卵雙生，因為兩個人不可能擁有完全相同的發育或成長經驗，導致兩人在長大後外顯的行為表現，甚至罹患精神疾病的比例，也會有很大的不同。

　　要瞭解表觀遺傳學，首先需要瞭解一點遺傳學的科普知識。我們的遺傳訊息，是由四種胺基酸鹼基（腺嘌呤、胸腺嘧啶、胞嘧啶和鳥糞嘌呤）所組成，分別由第一個字母：A、T、C和G組成。這四種胺基酸鹼基連結有基本原理，A始終與T相連，C始終與G相連。基因就是一段的去氧核糖核酸（Deoxyribonucleic acid, DNA），而每段DNA都記載著某個特定蛋白質的組成編碼。通常將四種胺基酸鹼基描述成拉鍊上的齒，兩條帶彼此相對，並根據配對的原理相互連結在一起，形成一個雙螺旋。

　　遺傳的表現，指的是將鹼基從DNA到信使核糖核酸（messenger Ribonucleic acid, mRNA），再到蛋白質的合成。DNA並不散在細胞核中，而是纏繞在組織蛋白（histone）外，就好像毛線纏繞在線捲上，整體的結構被稱

為染色體。緊密的纏繞會讓基因無法被活化。當某需要某個基因表現的時候，染色體上某段基因就會被鬆開。基因在必要的時間，會通過產生信使核糖核酸與環境相互作用，進而製造出蛋白質。而這些蛋白質，就是細胞的基本組成。

在遺傳學的領域中，有所謂的基因型（genotype）及表現型（phenotype）。我們繼承了父母遺傳物質的板模（基因型），但哪些基因會表現出來（表現型）是由經驗所誘發出來的。經驗可以從接觸有毒物質、飢餓、良好的人際接觸、到壓力環境等物質以及非物質的任何事情。也就是說，大腦會因為周遭環境的變化，在不透過基因序列的改變上，只參與了作用在DNA外的基因訊息表達過程，例如讓某一部分的DNA甲基化、透過對組織蛋白進行修飾、或是透過非編碼RNA的調控，進而影響了基因的表現。其實人類大部分的基因，僅在少數器官組織中表現，當中有一大半的基因表現，是反應在我們的大腦裡。這意味著我們的大腦受基因表現的影響，比起其他身體的器官組織要大上許多。簡單來說，表觀遺傳是個體周遭的環境透過某些機制或途徑（例如甲基化、乙醯化），影響了基因表現的關閉或開啟。

DNA甲基化指的是將甲基（methyl）添加到DNA上的一個反應。一但DNA基因序列被甲基化後，該基因通常就會失去作用沒有辦法表現。簡單來說，該基因所代表的蛋白質，就沒有辦法被製造出來。除了甲基化以外，表觀遺傳學和乙醯化也有關係。組織蛋白乙醯化可以原本纏繞較緊密的

染色體結構轉成較疏鬆的型態，這樣有利於染色體轉錄的進行而增進了基因的表現。反之，如果組織蛋白去乙醯化，染色體結構就變得更緊密而降低了基因的表現。

有一個和表觀遺傳學有關的有名研究，是由邁克爾‧梅尼（Michael Meaney）的研究團隊所進行。他們發現老鼠媽媽會透過舔毛、梳毛的動作來安撫鼠寶寶。研究發現，當老鼠在面對壓力刺激時，比起低舔毛、低梳毛的老鼠，有高舔毛、高梳毛的老鼠，牠們的糖皮質醇會比較低。舔毛、梳毛的動作，在沒有改變基因序列的情況下，透過表觀遺傳學的機制，改變了鼠寶寶的壓力反應機制（Meaney & Szyf, 2005）。鼠寶寶因老鼠媽媽的行為，經由表觀遺傳學而讓牠長大也產生和老鼠媽媽一樣的行為。然後，這個行為又會透過相同的方式改變下一代。上一代因為表觀遺傳學而發生的改變，即便沒有改變遺傳的基因，還是可以遺傳給下一代，代代相傳。

簡單來說，表觀遺傳學涉及組織蛋白甲基化與乙醯化，調控了基因的表現。我們日常生活所發生的事情，倘若影響到組織蛋白的甲基化與乙醯化，就會影響到激活或是抑制基因的表現。換句話說，我們的行為，在不影響基因序列的改變下，也可以達到開啟或關閉基因的表現。這些因為周遭環境變動而被改變後相關可能的變化，有些還會透過細胞分裂被保留下來。所造成的影響，有些可能甚至會持續好幾代。

神經可塑性可以包含許多層面，從分子結構、細胞層

環境

表觀遺傳學
epigenetics

甲基化 乙醯化

基因

面、甚至到系統間，都可以因為環境的變化，而發生本質上的改變。當然，要產生長時間腦結構性的改變，不是一件容易的事，需要花一些時間。有越來越多的研究發現，成人的大腦依然具有神經可塑性。神經可塑性雖然可以發生在人的不同生命階段，其可改變性會因年齡的不同，有所差異。在孩童時期，人類的腦是具有最大的可塑性，隨著年齡的增加，可塑性就慢慢地減少。

　　神經可塑性有幾個原則：經常重複使用某些神經細胞，那麼這些神經細胞的突觸連結就會被強化，也會有新的突觸形成。甚至經常使用的神經細胞，還還會有髓鞘的形成。隨著神經細胞髓鞘的形成，將有助於神經網路傳輸的速度會更快且傳遞訊系更準確。相反的，如果某些神經細胞不再使用一段時間，那麼之前所形成的突觸連結有可能會減少，甚至消失不見。

神經老化

　　在現實的生活中，什麼時候你會開始覺得腦力不夠用、感覺記憶力開始衰退？「腦袋瓜什麼時候會開始老化？」這個議題，想必是許多人會關心的議題。就人類的演化史來說，我們老祖宗的平均壽命大約是30歲左右，這樣的平均餘命維持了幾十萬年。到了20世紀，人類的平均壽命才延長至大約50歲左右。到了近幾十年，我們的平均壽命大約來到了80歲左右。從人類演化的軌跡來推論，人類99.9%以上的時間，平均壽命為30歲左右。意味著演化下的生理機能，只預備給我們處理30年的人生。超過30歲，我們還沒有進化得宜，所以不意外地，年過30歲以後，你我會逐漸發覺到許多的機能開始衰退，大腦也不例外。

　　細胞有其生命，不可能處於一直增生、永不死亡的狀態，腦神經細胞更是如此。死一個就少掉一個，直到消滅殆盡。一般來說，20歲大腦的神經細胞發育來到了頂峰。這時候的我們，不只感覺精力充沛，還會覺得記憶功能好得不得了。這是人類一輩子的黃金時期，之後就開始走下坡。過了20歲，我們會感嘆記憶不如以往年輕的時候，特別是那些擺在那裡沒有受到刺激的腦神經細胞，功能衰敗的情況，就更是嚴重。

　　隨著年紀的增長，腦細胞逐漸減少，每天大約會有上萬個腦神經細胞因為沒有用到變成廢品被處理掉。大體上，人過了50歲後，除了骨質、體力與肌耐力都會逐漸下降以外，

大腦也是會逐漸萎縮。到了60歲以後，更是以每年0.5%速率持續萎縮，年紀越大，萎縮的速度會更明顯。腦科學家已經證實了，我們的大腦會隨著時間的增長而逐漸萎縮，特別是在40歲以後，大腦平均每10年左右會減少5%的體積。80歲的腦神經細胞與40歲的腦神經細胞相比，大約會少掉一半以上。

　　老化的過程中，大腦的灰質會逐漸死亡、神經突觸連結會減少、白質的髓鞘會脫失（demyelination），造成整體的大腦體積會減少，某些功能就會出現退化。腦神經細胞的凋亡，並不是所有部位都以同等的比例減少，有些腦區的細胞減少會來得比較快，例如到了80歲左右，負責記憶的海馬迴會失去20%的神經細胞細胞；有些腦區的細胞就幾乎不太會有減少的問題（例如腦幹部位的神經細胞）。腦幹的神經細胞是人類最早發育成熟的神經細胞，負責維持人類生命存活的相關功能，不太容易受到年齡變化的影響。

　　雖然海馬迴皮質在我們的一生中，會不斷增長出新的神經連接，甚至產生新的神經細胞，但隨著年齡的增長，海馬迴的神經細胞也是腦部退化最快的區域之一。另外，海馬迴皮質在我們整個生命的歷程中，特別容易受到缺氧而影響。經常經歷氧氣供應量不足的人（例如登山者、深海潛水員）已被證實海馬迴皮質容易受損，伴隨有短期記憶缺陷的問題。海馬迴皮質也會隨著年紀老化而萎縮，伴隨的現象就是外顯記憶的能力會跟著下降。

影響神經細胞老化還有一個很重要的因素，那就是我們的大腦無法順利地代謝不好的蛋白質，導致這些不好的蛋白質堆積成斑塊，進而阻礙了神經傳導的功能。大腦如何清除不好的蛋白質呢？靠的就是微膠細胞與腦脊髓液的幫忙。微膠細胞會吞噬掉不好的壞蛋白，腦脊髓液會協助將其排出大腦外。如果沒有充足的睡眠，大腦老化的情況就會更加快速。除此之外，慢性長期的壓力也會讓腦神經細胞加速老化。因為腦神經細胞在高濃度的皮質醇、血流不足或是有害自由基的堆積，將導致神經細胞的死亡。

　　老化對大腦的松果體，也會有影響。松果體有一項功能，就是協助我們重新設定生理時鐘。松果體的這個功能，會因為年齡的增長，慢慢地出現下降的情況。會出現這樣的問題，有部分是出自於神經的可塑性，年輕人的大腦比年長者的大腦，會來得比較有彈性一些。倘若你的工作需要輪班，你一定有這樣的經驗，年輕時候，輪班對你來說不是什麼太大的問題。但是，一旦上了年紀，輪班就會讓你工作的表現出了大的問題。

　　另外，染色體末端的端粒（telomere）也會隨著年齡老化，而有所變化。端粒是存在染色體末端的一小段DNA。端粒的長度反應了細胞複製的能力，隨著細胞分裂的次數越多，端粒就會縮短一點。一旦端粒結構的減損，細胞就進入了衰老狀態。

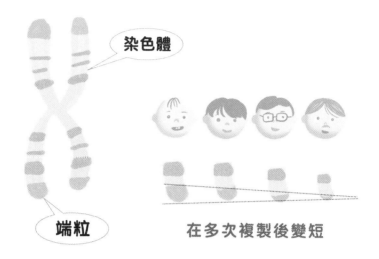

染色體

端粒　　　　在多次複製後變短

　　老化在性別的不同，也有部分的差異。研究顯示，除了老化、遺傳外，身為女性也是阿茲海默症的風險因子之一。女性的大腦，在更年期後，腦部葡萄糖的代謝活性減少了大約20%左右，這可能和雌激素（estrogen）的變化有關。

　　年紀老化，對大腦也不全然都是壞處。老化帶給大腦唯一的禮物，可能就是隨著年紀增加，杏仁核會活性會降低，變得比較不敏感。杏仁核變得不敏感，會讓長者會對事情的反應變得比較溫和一些。這會讓人感覺年長者的人際行為的反應，有許多的人生智慧。

人類日常行爲與腦科學

　　人類的思維活動，並不總是發生在某個特定腦區的變化而已。單一心理特質對應單一腦區，是腦科學容易誤導人的陷阱。實際上，我們的思維活動是由許多相關的神經細胞，相互連結所形成的網路所負責。也就是說，人類的某種特定行爲功能，往往負責的腦區是牽涉到不同部位的腦組織，由這些不同腦區的共同合作而產生的表現。大腦不同的腦區，就像電腦的積體電路板一樣，有許多相互重疊，卻又有其負責不同的獨特功能。比較複雜的認知功能，都是由許多大腦網路之間共同處理訊息的結果。

　　比方說，負責語言能力的腦區，並不是存在於大腦特定的腦區，而是由分散式的網路所組成。當我們開始使用語言做人與人溝通的時候，大腦就會將分散在大腦各個區域的功能連結，整合在一起，進而出現我們所謂語言的表達。

　　雖然人類行爲與腦科學，是一套錯綜複雜的網路系統，牽涉的層面相當廣泛。但因爲近年來神經科學檢測的工具，有了大幅度的進步，讓我們有機會用比較簡單的方式來理解我們人類的各種行爲。以下就自我意識、記憶與遺忘、七情六慾與早期生命經驗、社會腦以及壓力反應等五個人類日常行爲與腦科學的關係，依次分別做進一步說明與介紹：

自我意識

　　自古以來，有許多的哲學家、心理學家、科學家都嘗試著去剖析意識。我是誰？為何會成為現在的我？現在我在做什麼？將來我要往哪裡？意識可以脫離身體嗎？腦機能停止後意識去哪裡？很多牽扯到意識的概念，特別是自我意識，都很難被簡單概念來定義。即便現代腦科學檢驗儀器有了長足的進步，自我意識還是不太容易可以腦科學講得很清楚。

　　因為本書不只聚焦於神經心理教育與諮商領域的探討，也希望讀者在閱讀完本書後，能將神經心理學相關的知識運用於臨床實務上，所以將自我意識意識簡約為下列幾個方向做說明：

注意、工作與休息三種狀態

　　大體而言，我們大腦運作的模式可以區分為三種狀態，包括有注意、工作、與休息狀態。注意、工作、與休息狀態的運作，分別由三種不同大腦的神經網路所負責。注意狀態由警覺網路（salience network）所負責，工作狀態由中央執行網路（central executive network）所負責，而休息狀態由預設模式網路（default mode network）所負責。

　　中央執行網路與預設模式網路的狀態是相對的，當其中一個神經網路模式被激活的時候，另一個神經網路模式就會被抑制停止運作。當中，不論大腦是處於中央執行網路的狀

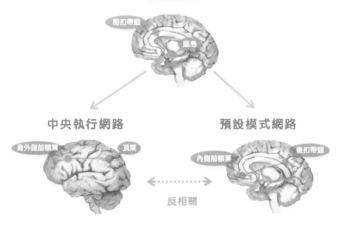

警覺網路

前扣帶迴

腦島

中央執行網路

背外側前額葉

頂葉

預設模式網路

內側前額葉

後扣帶迴

反相關

態，還是處於預設模式網路的狀態，我們的警覺網路都會一直在運轉。它除了悄悄地在我們下意識工作，幫我們監視周遭環境的任何變化，也可以在我們有意識的情況下，幫強化了訊息輸入的重要性。

警覺網路

你可以想一下，遠古時代的人類，一輩子會遇到的人，或許最多就是幾百或幾千人而已。也就是說，同一時間會遇到的人不太可能會太多。然而，在現今的社會裡（例如逛街、看電影、上學校、或是到市場買菜），我們非常有可能一天就會遇到上百人，甚至上千人。面對這樣資訊超載的情況，我們的大腦要怎樣才能負荷得來呢？當中的關鍵，就是大腦關於注意力功能的設計。

我們每天經歷的人事物那麼多，但能留在我們腦袋瓜讓我們還有些印象的僅僅只有一部分的感知。比方說，我們花了2-3小時到市場買菜，回到家裡，大部分我們只記得買了什麼菜，但一定記不太得和我們擦身而過的路人甲乙丙丁，或是燈光是什麼顏色。下班後，急著返家的我們，也一定不記得剛剛呼嘯而過的街景。會有上述的現象，都是因為大腦注意力的過濾功能在作用，只會（也只能）聚焦周遭眾多訊息中的某些資訊，讓我們的大腦可以避免超過負荷，而感到疲憊感。

　　大腦在處理我們日常生活事務的能量有侷限，特別是注意力的量能有其上限。在人群中，通常我們大腦的注意力，最多只允許我們可以同時理解不同的兩個人和我們說話。如果你有曾經嘗試同時去注意三個人說話的內容，一定會發現有相當的難度。倘若同時要你去注意四個人的說話內容，那難度肯定又難上數百倍。

　　為何大腦注意力，只會（也只能）聚焦周遭眾多訊息中的某些資訊？或許我們可以從大腦演化的軌跡裡，找到可能的原因。人，號稱萬物之靈，在演化的歷史上，可說是地球上最成功的物種。幾十萬年演化的過程，我們大腦遵循著某些原則在演化，其中之一的原則就是能讓我們可以在肉弱強食的大自然中，有效能地處理狩獵的問題。我們的視野大約是140度左右，但富有意義的視野，通常只會聚焦在3度左右的視野範圍。140度的視野範圍被用來對周遭環境的掃描，

3度的視野範圍被用來聚焦於處理眼前突發的危險。也就是說，我們的大腦只能處理所看到視野的2%而已。在這2%的視野中所看到的事物，它的解析度特別清楚。超過這2%的視野之外，我們的大腦只能大約看見而已，以利我們得以不被不相干的事物所干擾。如此大腦便可以更有效能地聚焦眼前事物的處理，產生智慧的結晶，讓我們能夠在大自然肉弱強食的環境中生存下來。

從神經細胞代謝的角度，也可以提供大腦注意力有其侷限性的說明。大腦神經細胞的代謝，需要氧氣和葡萄糖。一般來說，約占體重2%左右的大腦，會消耗大約20%身體的總能量。我們的大腦或許有足夠的能力可以處理各種感官所輸入訊息，但如果同時處理過多的資訊，是會付出許多的代價。因此，大腦如果沒有將資訊做出某種程度的區分，能量很快地就會消耗殆盡，產生疲累的感覺。幸好，我們的大腦經過幾十萬年的演化，特別幫我們預備了一個名為前扣帶迴皮質的腦區。前扣帶迴皮質，讓我們可以只針對某些特定環境作出回應，不受不相干事物所干擾。

有些腦科學家將大腦注意力再區分為三大類：第一類是選擇性注意力，是一種能將我們的認知集中在相關資訊上，並抑制其他不相關刺激訊號的能力；第二類是持續性注意力，是一種能讓我們的認知維持一段時間的能力；第三類是分散性注意力，是一種能讓我們同時處理兩項任務的能力。

警覺網路在大腦注意力功能上，扮演相當重要角色，主

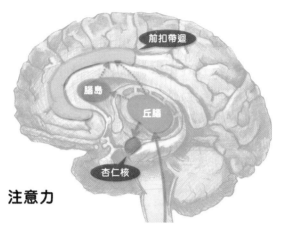

注意力

要負責注意力覺知與控制,以及有意識專注於目前工作任務上。和警覺網路有關的腦區,包括有前扣帶迴皮質、腦島與杏仁核等相關腦區。處於警覺網路狀態的大腦,除了會接受會來自邊緣系統傳遞來的訊號外,也會對透過五官接受來的訊息進行掃描,監視來自外界刺激。身體內在的感覺在腦島被轉譯成我們可以辨識的知覺,讓我們能感覺身體有活著的主觀感受。前扣帶迴皮質與腦島,兩者重要部位的連結是雙向性的。一旦警覺網路的功能失調,就可能會出現焦慮症、創傷後壓力症候群、思覺失調症以及阿茲海默症等病態行為。

警覺網路主要由前額葉皮質的神經網路所構成,特別是牽涉到前扣帶迴皮質數以百萬的神經細胞運作。它24小時不斷地監測周遭的環境,並判斷何者是我們需要關注的重要事物。有時候的判斷,是出於我們意識知覺下所做的選擇,

但更多時候，它是由各種自動、或下意識的過程所做出的回應。當中牽涉到的神經傳導物質，特別和多巴胺有關。當多巴胺釋放的時候，注意力就被啟動。

接下來要談的是，什麼樣的原則會左右大腦警覺網路的運作？大腦對於周遭環境的變化相當敏感，當中，左右大腦警覺網路運作的關鍵原則是對於「周遭環境的變化」以及「事務的重要性」的判斷：

1. 大腦對環境的變化非常敏感（由下而上感覺刺激的警覺）

大腦對環境的變化非常敏感，可以協助我們在荒野中本能地回應環境的變化，讓我們得以生存下來。這些自動化可以獲得我們的注意力的事物，一般來說是和我們生存有關係的事物，這是演化的結果。

卽便現在的社會生活，並不是每一個環境的變化都會危及生命，但，我們的腦袋瓜還是會在意識層面還沒有知覺時，就先替我們做出反應。比方說我們在讀書的時候，如果冷氣風扇啟動發出聲響，我們的大腦會立刻注意到變化。如果這個聲音持續一段時間，並且音量、音頻沒有特殊的變化，我們的大腦便會開始慢慢地對這個聲音失去了注意力。讓我們的注意力，能抽回來執行原本正在做的事務。過程中，如果這個聲音又起了不一樣的變化，比如說是有人敲門，不論我們是否有意識去判斷是誰敲門？或是去判斷該不

該開門？早在我們有意識去思考上面的問題時，大腦的警覺模式就先讓我們先注意到聲音的變化。

簡單來說，不論我們是否能有意識地知覺到聲響，大腦警覺模式都在隨時隨地替我們偵測周遭的環境，並回報給大腦立即做出反應。

2. 依據事務的重要性做出判斷（由上而下目標導向的注意）

警覺模式判斷的準則，除了負責對於周遭環境變化的偵測外，另外還有一個判斷關鍵因素，是針對事務重要性的判斷。重要性的判斷，除了客觀資訊判斷的衡量外（比方水源資訊的辨識，對於久未飲水的旅客，有其重要性），主觀的感受也是很重要（比方兒子辨識的相關資訊，對於人群中尋找走失孩子的媽媽，有其重要性）。不論是客觀或主觀的判斷，一旦被大腦警覺模式判定為是重要的資訊，就會吸引我們的注意，相對被判定為比較不重要的資訊，就會被我們所忽略。

舉個例子來說，當你太專心於手上正在進行的事情時，你可能就會聽不到你媽媽正在交代你事情。這是因為由上而下目標導向的注意，導致你沒有辦法分心對周遭訊息做出合宜的回應，這樣的現象被稱為注意力錯覺（illusion attention），或是不注意盲點（inattentional blindness）。想要對這個現象多一些瞭解，你可以參考由

哈佛大學所做「隱形猩猩（invisible gorilla）」的實驗研究
（Chabris & Simons, 1999）。

　　依據上述兩個判斷的準則，大腦警覺模式協助我們可以
專注於我們想注意的事物上（由上往下目標導向的注意），
同時，又可以保持對周遭環境變化的準則（由下往上感覺刺
激的警覺）。就物種演化的角度來說，這可說是老天爺賜給
我們一個寶貴的禮物。雖然大腦警覺模式有兩個判斷的準
則，但人類經過幾十萬年的演化，讓我們大腦警覺模式對於
新奇事物是比較有偏見的，很容易在不知覺地情況下就被新
鮮的事物給綁架。大腦警覺模式對於新奇事物的偏見，會讓
對於需要專注於某種任務的我們遇到困難。我們得花費額外
的力氣，才能避開周遭外界事物不必要的吸引。

　　由上而下目標導向的警覺網路，有一個明顯的缺點，就
是沒有辦法在意識覺察下持續一段時間。所以，不論我們在
進行什麼樣的工作，在集中精神工作50分鐘左右，最好能規
劃一個能讓自己有一個5～10鐘的休息時間，讓由上而下目標
導向的警覺網路能夠再次回復原來的效能。至於需要休息多
久才能回復原來的效能？答案會因人而異，年紀小一點的，
可能需要在更短的時間就需要安排休息時間。有經過注意力
訓練的人，可以長一些時間再安排休息。不管怎樣，由上而
下目標導向警覺網路的使用，原則是需要考量「專注」與
「簡短」兩個原則。

　　除了偵測與判斷重要訊息、以及依據重要性做出判斷

外，警覺網路也參與了調節中央執行網路與預設模式網路的轉換，我們也可以將警覺網路視爲是大腦注意力切換的一個開關。中央執行網路與預設模式網路切換的當下，我們通常不太會意識到，常常在大腦已經切換到另一個網路時，我們才會注意到它的運作。當然，如果我們特別留意及用心注意的話，還是可以自主性地決定當下要切換到中央執行網路？還是預設模式網路？但只要一不留神，兩者的切換又會下意識地自動化起來。經過適當自我覺察的訓練（例如：正念覺察就是其中之一方法），比較能有意識且有效能地切換警覺網路的切換，讓我們可以在有意識的狀態下，當自己大腦的主人。

總的來說，警覺網路與大腦其他腦區有許多相互的連結，參與了許多複雜的認知功能，包括社會行爲、溝通，以及統整來自身體的感覺、情緒、想法並作出獨特的自我覺察，並且負責中央執行網路與預設模式網路的切換。無論我們的大腦處在中央執行網路或是預設模式網路，警覺網路幾乎是一直運轉不停，在你意識與無意識下都在工作著，隨時持續監視環境中任何可能的重要資訊。

中央執行網路

負責中央執行網路的腦區，主要是前額葉皮質和頂葉皮質等腦區。如果前額葉皮質功能再進一步細分的話，腹外側前額葉皮質負責記憶主題的切換及抑制，背外側前額葉皮

質則負責記憶關聯問題的維持與計畫，而前扣帶迴皮質則負責記憶的監控。背外側前額葉皮質是大腦進化最先進的一個部分，大部分的人需要到20多歲時，髓鞘的形成才能比較成熟。

　　中央執行網絡的功能包括有注意、解決問題與工作記憶的能力。當中的工作記憶雖然是短期記憶的一種，但其相關的神經運作，相對來說是比較複雜許多。它能提供大約幾十秒鐘的記憶空間，讓背外側前額葉皮質能通過意識將眼前複雜的任務，做進一步的連結與訊息處理。

　　中央執行網路功能中的抑制能力，與負責動作表現的基底核有高度的關聯性。也就是說負責動作表現的基底核，在接受來自中央執行網路相關腦區的訊號後進行動作的選擇，然後發出抑制的訊息到其他相關的腦區，抑制掉我們不想要的動作，達到動作的有效控制。

　　中央執行網路的功能在兒童期到青春期有上升的趨勢，到了成年初期達到了最高峰，之後維持了一段高峰期。到了中年時期，中央執行網路的功能開始逐漸下降，特別在60歲以後的高年期，下降特別明顯。隨著年齡的增長，大腦結構最明顯的變化是在前額葉皮質的萎縮。前額葉結構的萎縮導致了多巴胺、乙醯膽鹼的神經傳導物質下降，使得年長者的注意與記憶的能力機能因此而下降。

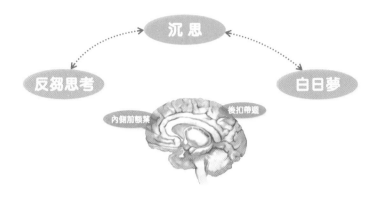

預設模式網路

　　我們的大腦總是一直很忙碌，不管我們是否正在做事，還是處於發呆的狀態。大腦這一群特定的腦區，被稱之爲預設模式網路（default mode network, DMN）。預設模式網路一開始被發現，是因爲當我們在做白日夢的時候，這群特定的腦區竟然還在活躍的放電著，這個現象被腦科學家注意到。

　　大腦消耗的能量約占人體總耗能的20%，當中60%~80%左右的能量，又耗費在預設模式網路上，剩下大約20%~40%的能量，是用在注意、與工作狀態。這意味著，即便當我們有意識地去做某些事情的工作狀態，其實大腦所需要的耗費能量的占比並不是很多。有一個腦科學的實驗結果發現，大腦在專心做事的時候，其消耗的能量，只比休息狀態多出不到5%。也就是說，大腦在所謂休息的狀態，其實都還做某種程度上的活動。

大約30%大腦清醒的時間，大腦會處於預設模式網路狀態，我們不是在做白日夢、就是在沉思、要不然就是在自我思考。要說預設模式網路是我們人類創意的來源，這樣的說法也不為過。

　　負責預設模式網路的腦區，主要是內側前額葉皮質、海馬迴皮質、後扣帶迴皮質、楔前葉和下頂葉皮質等相關腦區。預設模式網路是一個與大腦其他各區有高度交互作用的神經網路，一般來說，當我們注意力沒有放在當下的時候，也就是我們放空、做白日夢時，預設模式網路就會自然啟動。另外，在我們回憶過去或想到將來，預設模式網路也是會被激活。只有當我們正在處理一些當下有目的任務時，預設模式網路才會被關閉。預設模式網路與之前提到的中央執行網路，就好像蹺蹺板一樣，當一個開始作用時，另外一個就會被關閉，兩個模式是不能同時進行的。也就是說，當預設模式網路活化的話，就會自動產生出想法，比方說一個人會出現白日夢、想東想西、沒有意圖地出現追憶、陷入沉思等。一旦我們開始參與思考，預設模式網路的功能就會被抑制，去活化。

　　有時候，就算我們想專心做事，只要預設模式網路又開始啟動運作，就會讓我們思緒受到干擾，無法控制。使得我們很容易自動化地去評價自身的感受。罹患憂鬱的人就是一個很鮮明的例子，他們就常常會有負面自我反芻的思考，而且自己沒有辦法控制這些反覆出現的負面評價。上述負面的

反芻思考，和我們的大腦預設模式網路過度使用有關聯。習慣用反芻思考來處理情緒的人，容易將現在的狀態，自動與過去有關的負面事件相連結。日復一日的反芻思考，就會讓現在的狀態與過去負面事件的連結不斷被強化與延伸，進而產生自動化負面感受不可自拔的連鎖反應。

瑞士學者特羅斯特（Trost）等人的研究發現，沉靜內斂的音樂，會讓大腦中腹內側前額葉皮質的腦區被激活，而興奮的音樂則會活化大腦兩側聽覺皮質與運動皮質（Trost, Ethofer, Zentner, & Vuilleumier, 2012）。與快樂的音樂相比，悲傷的音樂似乎會喚起大腦的預設模式網路，導致聽者比較容易陷入自我沉思的狀態。德國學者塔魯菲（Taruffi）等人也指出，當我們聆聽悲傷音樂的時候，聽者的大腦比較容易聯想到悲傷、情緒、過去、未來等跟自我內省狀態較為接近的詞彙（Taruffi, Pehrs, Skouras, & Koelsch, 2017）。上述兩篇的研究發現，似乎給了台灣歌手五月天在多年前的一首歌《傷心的人別聽慢歌》，有了一個有腦科學論述的依據。

但很奇怪的是，為何大部分傷心的人卻喜歡聽慢歌？這樣不是會讓自己陷入反芻思考的困境中嗎？我想，傷心的人一開始的確需要聽慢歌。因為可以藉由聆聽這些令人感傷的音樂，來激活腹內側前額葉皮質，讓自己有機會能面對自己、與自己展開自我對話。但，自我對話的時間不應太久，否則容易陷入反芻思考的漩渦中而不可自拔。適當的自我對

話、沉澱心情、做完自我整合後，傷心的人需要做的是聆聽一些能令人振奮人心、提升情緒的快歌。藉由快歌來活化大腦兩側聽覺皮質與運動皮質，讓自己能活在當下，並且能起而行，做出一些不同的改變，讓自己的思緒能夠擺脫一直徘徊在過去的泥淖中。

　　有些人認為發呆狀態的預設模式網路，似乎只會把我們的能量浪費在沒有意義的事情上。其實也不全然，預設模式網路並非單純只有浪費能量而已，它也提供了我們大腦許多有意義的功能。舉個例了來說，當我們躺在躺椅上休息的時候，正在進行預設模式網路的大腦，會自動地協助我們回顧今天所發生的經歷，也會很自動地讓我們進入明天要做什麼才好的思考狀態。自動化地回顧過去發生的事情，或是思考未來怎樣面對的方法，有時候會讓我們突然靈機一動，原本的問題就有了解答。這代表預設模式網路，有時可以為苦惱的我們帶來創造性的幫忙。因為預設模式網路，本來就被設計成可以自動化在我們大腦記憶庫中調動資料，並重新做資料的重整。

　　我們的大腦，打從娘胎開始的原始設定，就有了預設模式網路的設定。預設模式網路負責創造自我意識、將自我與過去或未來做連結、以及尋找問題等功能。嬰兒在出生後不久，在還沒有發展出自我意識時，大腦的預設網路活動就已經開始了。這樣的發現，暗示著人的社會性，可能是先於自我意識就存在了。

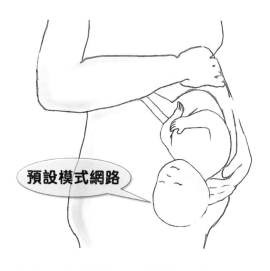

預設模式網路

做個小結論，處於預設模式網路，雖然不會專注於外在的世界，但大腦還是在忙碌著，也不必然是閉上眼睛。也就是說，當大腦醒著不做任何活動發呆狀態，雖然看似在休息，但某種程度它還在持續工作。要能搞懂預設模式網路，才能讓我們大腦真正能夠獲得休息。另外，心理學領域中正念的相關概念，和預設模式網路有很大的相關。正念是一種將我們的注意力集中於此時此刻，並且抑制了預設模式網路，讓我們能不帶評價去觀看事物的本質。正念與腦科學的關係，在下一本書《當心理學遇到腦科學（二）：神經科學於教育與諮商的運用》會再做進一步介紹與說明。

快速與慢速兩條路徑

1986年，勒杜斯（LeDoux）從老鼠恐懼的相關實驗結

果，說明杏仁核與恐懼制約的關聯，並提出了情緒反應處理的兩條路徑。第一條是從丘腦直接連結到杏仁核，讓我們可以快速且初步地處理從外界而來的訊息。當知覺到有包含有威脅的訊息時，我們就可以第一時間做出回應。因為可以在短時間就作出情緒反應，所以也被稱之為快速路徑；第二條是由視丘將訊息傳遞到大腦皮質，之後再回傳至杏仁核進行近一步分析，進而產生出情緒反應。因做出情緒反應的時間相對需要比較長的時間，也因此被稱之為慢速路徑。

快速路徑，可以讓我們的大腦在短短的50毫秒內，對內部和外部的刺激做出反應，而有意識的慢速路徑則需要500毫秒以上的反應時間才能對刺激做出回應。這大約半秒鐘（500毫秒）的時間差距，看起來不是很多，但對我們的大腦來說，卻是一段不算短的時間。在這半秒鐘，大腦皮質90%以上的訊號被來自邊緣系統相關的訊息所填充，使我們的大腦被過去相關的模板所影響，建構出當前的經驗。結果，我們誤以為自己很客觀地活在現實的當下，殊不知落後的這半

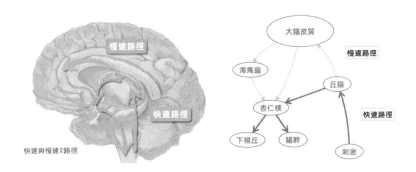

快速與慢速2路徑

秒，早以讓我們被之前的記憶所綁架，詮釋了現在的經驗。當我們開始意識到一種體驗時，其實它已經被快速路徑的相關記憶（比方說依附、創傷等記憶）處理了很多次，才有了我們意識的體驗。

　　快速路徑與慢速路徑之間的處理速度差異的半秒鐘至關重要，常常是諮商心理學領域工作的重點所在之處。例如駁斥快速路徑所帶來的偏見，是認知行為治療的核心。使意識層面無法理解的潛意識（來自快速路徑的過去板模）意識化，是精神分析的重點目標。許多的心理治療法，都企圖用自己的工作模式來解決這重要半秒鐘所造成的加工偏差。

　　自從勒杜斯提出這兩條情緒處理路徑後，許多的學者將這樣的大腦進一步地區分為「情緒腦」及「理智腦」。雖然還是有部分的學者認為，在實務腦功能的運作上，「情緒腦」和「理智腦」不適合完全區分開來討論。例如佩索阿（Pessoa）就認為大腦各個腦區對於情緒反應的運作，都有其負責的功能，息息相關、無法切開來討論。比較合理情緒反應的腦功能推論，應該是將我們的大腦比擬成是一個網路連結器（hub）的概念，應該將各個腦區視為不可分割且相互影響的工作體（Pessoa, 2008）。

　　我個人認為，在神經心理學的臨床實務運用上，區分為「情緒腦」及「理智腦」，有著能讓人比較容易清楚理解自己情緒反應的潛在優勢。

冷熱兩套系統

　　人類的大腦存在這兩套系統，一套是熱系統，另一套是冷系統。熱系統涉及與情緒有關的行為，和恐懼、害怕、食慾及性慾等本能反應有關，由大腦內的邊緣系統所掌控，讓我們可以在各種不同的情境下能夠迅速地回應外界的需求，通常不會考量到長期的後果，就採取行動立即回應；而冷系統則和熱系統有者相反的功能，負責工作記憶、認知彈性、注意力等任務，與我們的理性思考有關，由大腦的前額葉主責。在腦發育的歷程中，相對是比較晚才成熟，通常要等到20幾歲才有機會完全成熟。

　　一般來說，冷系統功能比較活躍的人，往往其社會成就會比較高，因為他擅長於運用冷靜的思考來面對周遭的挑戰。雖然冷系統可以讓人比較容易達成較高的社會成就，然而只靠冷系統來過生活，很容易就會讓人導致意志疲勞。而沒有熱系統來幫忙，生活很容易失去樂趣及動機。

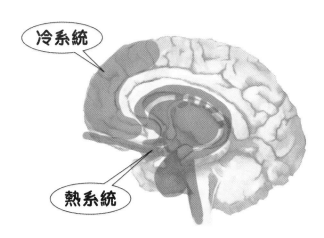

心理學界有一個有名的實驗，叫做棉花糖實驗。這個實驗證明延遲享樂的能力，是一個人成功的關鍵。具備良好延遲享樂能力的人，無論是在學業、經濟、健康、人際關係等，都能夠有比較好的表現。冷熱兩套系統活化的程度，也會影響延遲享樂的展現。怎麼說呢？我們都知道尋求立即獎賞的邊緣系統屬於熱系統，而負責理智思考的前額葉皮質則是冷系統。這兩個腦區的運行其實都和多巴胺有關係，只是在不同腦區的多巴胺，在大腦產生的功能就截然不同。前額葉的多巴胺能夠使我們專注於眼前的工作任務上，然而位於邊緣系統的多巴胺和腦中內源性鴉片類的胜肽物質一起作用讓我們感到愉悅的感受。在面對事情的處理，你是否能擁有延遲享樂？就端看哪冷熱系統中的多巴胺能夠取得主導權。如果熱系統的多巴胺取得掌控權，就會使立即享樂的力量會超過專注於目前工作任務上的力量，這將導致我們眼前的任務會被耽擱，無法有效地被完成。

　　總的來說，健康的生活，需要的是我們大腦冷熱兩套系統相互合作地運作，讓我們可以在自我控制與放縱享樂間取得一個最合宜的平衡。

獎賞與動機

　　位於中腦有一群與基底核有緊密連結的神經細胞，被稱為腹側被蓋區（ventral tegmental area）。它是可以投射出大量的多巴胺（與愉悅相關的神經遞質）到伏隔核。當我們

的動作產生愉悅的感覺時，就能夠刺激腹側被蓋區的神經細胞分泌多巴胺。另外，非法的毒品如安非他命、古柯鹼也能直接刺激這個區域，讓人產生渴望的衝動。因此，這個地方的腦區被視為負責人類行為獎賞、動機及愉悅感覺的功能。

當腹側被蓋區被激活，就會觸發伏隔核有比較多的多巴胺，產生正向回饋的機制，讓我們愛上這個行為。我們的大腦，不宜、也不能處於興奮狀態太久，需要降溫。所以伏隔核會透過GABA神經細胞，反過來抑制腹側被蓋區的活性，產生負向回饋的機制。除了伏隔核會透過GABA神經細胞來抑制腹側被蓋區的活性外，腹側被蓋區本身也會啟動GABA神經細胞來抑制多巴胺的過多分泌。

一百多年前，俄羅斯巴夫洛夫醫師用食物、鈴響與狗做的實驗，發現制約反應的機制。後續腦科學的相關研究，證實了杏仁核參與了制約反應的神經化學反應。當鈴聲響起，神經細胞就釋放出多巴胺，隨著多巴胺的分泌，告訴我們的訊息是「獎賞物來了！」。久而久之，鈴聲就變得比獎賞物更有吸引力。事實上，等待獎賞腦中多巴胺的分泌，還比獲得獎賞時多巴胺的分泌還高出許多。

獎賞與動機的神經迴路和多巴胺的分泌有關係，但多巴胺的分泌並不是在行為目的獲得成功的時候分泌最多，反而是在接近成功的時候這條神經迴路會大量釋放。這樣的設定，是為了我們得以生存下來演化所得到的結果。你可以想

想看，在食物匱乏、肉弱強食的時代，在還沒有獲得獵物前，大腦的多巴胺會大量分泌，讓我們可以對目標能保持期待去追求。特別在接近快要獲得獵物時，大量分泌的多巴胺，可以讓我們可以再加把勁，以便能夠捕獲獵物。在獲得目標後，大腦多巴胺的分泌就會下降，降低我們的滿足感。因為滿足感如果一直維持，我們就不會再想著另外一個目標，這樣就很容易滿足於現狀，不再追求新的獵物。結果，在食物匱乏的那個年代，就可能容易餓死，不利於生存下來。

瞭解解了這樣的觀點，你就不意外地可以瞭解賭博行為十賭九輸，但為何還會有那麼多人賭博上癮了。因為賭博時，差一點點就快贏的時候，所釋放大量多巴胺的經驗，會讓人更想再下一次賭上一把。等到多次重複的行為後，紋狀體將賭博行為打包成自動化的習慣程序，負責省思與掌控力的前額葉就會退出，這時候，賭博就上癮到無法自拔，即便只是看到一個與賭隱約的相關訊息，大腦就會調動自動化的程序，讓人完成賭博的行為。

獎賞系統是古老演化就留下來的機制，許多生物都保有這個機制，即便是結構簡單的線蟲也有這個系統的雛形。相對於線蟲的獎賞系統只是幾個含多巴胺的神經細胞，人類的獎賞系統就複雜了許多。除了腹側被蓋區投射大量多巴胺到伏隔核外，還會涉及到其他部分的腦區，比方說參與刺激制約反應的杏仁核，它負責某個經驗是快樂、還是害怕等不

同情緒的評估；海馬迴皮質負責成癮相關脈絡資訊的儲存，包括發生的時間、地點及相關的人事物；眶前額葉皮質參與對成癮刺激的評價；背外側前額葉皮質負責成癮影響下的計畫與推理；背側紋狀體負責統整及調節和成癮相關的內隱記憶；另外，與中腦上的縫合核也和成癮有關，因為它會分泌血清素，而血清素和抑制製造多巴胺的活性有關聯，進而降低了成癮的可能。

有研究顯示物質成癮（比方吸毒、酗酒成癮）的大腦，負責獎賞和愉悅的腦區，與非物質成癮（比方看色情圖片成癮）的大腦中，被激活腦區的部分，大致是相同的。腹側紋狀體與獎賞和動機形成有關，背側前扣帶迴皮質參與成癮渴求訊息回報與監控，而杏仁核則和情緒處理有關係。

我是誰？

自我到底存在哪裡？古埃及文明裡有這樣的傳說，人在死亡後，如果還想要復活，就需要將他的心臟做妥善的保存。有好長一段時間，自我／靈魂被認為和我們的心臟有很大的關聯，比方說我們的字彙中，心靈、心智、同理心、用心、決心、信心、真心、心想事成、心有靈犀等有關於心的字詞，被用來描述心理活動。隨著腦科學研究儀器的進展，我們終於理解，比起心臟，自我意識應該是和大腦的神經迴路比較有所關聯。

主宰心靈？

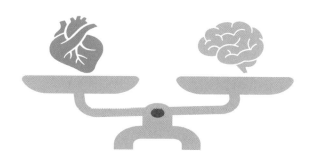

　　兩千多年前，古希臘哲學家柏拉圖記錄下蘇格拉底與斐德羅的談話，當時他們兩人的談話，就談及到自我的本質。他們認為人的靈魂有三個本質，並且用了騎手駕著一輛由一黑一白兩匹馬的戰車來形容人的靈魂。黑色馬代表慾望的靈魂，白色馬代表意志的靈魂，騎手代表理性的靈魂。現代心理學之父佛洛伊德將這樣的比喻做進一步的描述，將人格分為本我、自我與超我。

　　自我，可以分為無意識的自我及有意識的自我。意識一直很難有一個很好的定義。一般來說，意識有兩種：一種是有意識的覺醒，另一種是有意識的覺察。什麼是有意識的覺醒？打個比方來說，從睡覺的狀態醒來，

我們恢復了有意識的清醒狀態。在這樣狀態下，我們的大腦是處在可以與外界訊息有所互動的準備狀態；什麼又是有意識的覺察？打個比方來說，我們可以聞到咖啡香味，這意味著我們的大腦有意識地專注於某個特定的情境、或物件的反應狀態。沒有第一種有意識的覺醒狀態，就沒有辦法有意識的覺察。

　　至於無意識的自我，心理學界把無意識的心理活動，稱之為潛意識，或下意識。你可能不知道，比起有意識的自我，日常生活的許多事務更多是受到無意識的自我所主宰。比方說走路時身體姿勢的平衡與手腳的擺動，吃飯時咀嚼及吞嚥食物的過程，一開始大都會有有意識的自我參與，之後就常常會交給無意識的自我接手主導。

　　大腦有許多特殊的模組網路系統在運作，讓我們可以釐清並了解自己所經驗的事情。這些不同的模組網路系統，大多數都是在你不知不覺的情況下運作。只有當神經細胞被激活達到一定的臨界點時，我們才會有意識地注意到它的運作，這就是我們所謂的意識。關於意識，我們的大腦，並沒有一個特別的腦區負責意識。應該說，意識是存在於大腦不同地方的神經網路，一起協同工作，呈現出來某種很特別神經化學及電氣活動的統整狀態。早期腦科學認為，如果一個人發呆什麼都不做的話，大腦是沒有活性的。反之，如果我們有意識地專注於某種活動（例如：閱讀、與人聊天等），我們的大腦就會表現出高激活的狀態；然而，現今的腦科學

有了新的觀點。認為即便發呆無意識的腦，其實腦中的某些腦區還是有相當的活性，只是當我們有意識地專注於某種活動時的工作腦，某些腦區會表現出更高激活的狀態。白話一點，就是我們的腦無時無刻都在工作，即便你沒有意識到，或是晚上在睡覺，腦區都有一定的電位活動。

　　和意識有很大相關的另一個議題，就是「我們如何認識這個世界？」關於這個議題，許多心理學家各自有其不同的觀點。當中，我還滿喜歡康德認識世界的觀點。康德認為，我們是透過「直覺」與「概念」來認識這個世界。「直覺」與「概念」相對應於我們的大腦，指的就是我們所說六根（眼、耳、鼻、舌、身、意），透過視覺神經、聽覺神經、嗅覺神經、味覺神經以及觸覺神經來經驗這個世界。而「概念」就是我們透過前額葉進行思考、分析及記憶來創造與定義這個世界。

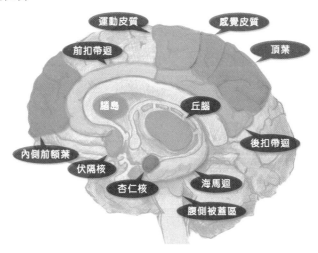

就現有腦造影的發現，與意識有關的神經細胞，主要分布在腹內側前額葉皮質、感覺運動皮質、頂葉皮質、後扣帶迴皮質、前扣帶迴皮質等腦區。感覺運動皮質能讓我們與環境的互動，以確認自己身體的界線；頂葉皮質則可以提供我們理解自己與外界間的關係；後扣帶迴皮質可以讓自己檢索過去個人的記憶，在預設模式網路扮演重要角色；前扣帶迴皮質則讓我們可以監控自己的行為；內側前額葉皮質與前扣帶迴皮質及後扣帶迴皮質的神經迴路，有高度的連結，這樣的連結有助於我們的內側前額葉皮質將大腦其他部位的腦做所傳來的訊息做整合，進而產生自我的概念。

　　越來越多的研究證實，腹內側前額葉負責讓我們可以意識到自己的心理狀態，瞭解自己的生命風格，以及肩負與他人社會互動中情緒處理的任務。背內側前額葉皮質與顳頂交界區的連結，在我們解讀他人心理狀態時被激活，意味著背內側前額葉皮質和理解他人的心智狀態有關。後喙內側前額葉皮質負責我們行為結果的判斷，眶內側前額葉皮質協助我們預測行為的結果，前喙內側前額葉皮質則讓我們可以思考我們的想法，也就是心理學所說的後設認知（metacognition）。倘若思考自己或是與自己比較親近的人，前喙內側前額葉皮質被激活的部分比較是下半部的區域，而思考不認識的人，前喙內側前額葉皮質被激活的部分比較是上半部的區域。

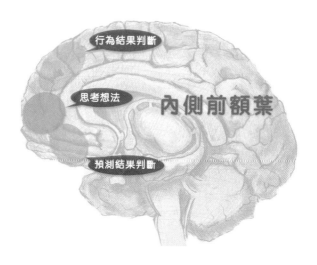

行為結果判斷

思考想法

內側前額葉

預測結果判斷

　　內側前額葉皮質在預設模式網路，也有其特別的角色。它負責處理和「我」有關的認知歷程，像是自我的人格特質與情緒價值，會讓我們的注意力關注到自我的內在狀態。它負責將不同時間的自我連結再一起，當中包含了和自我有關的特質與知識、對自我未來的期許，以及有關於和他人相關的知識。也因為內側前額葉皮質有上述的功能，所以它能讓處於現在的自我，可以穿梭在過去與未來進行心理時間之旅。白話一點，就是內側前額葉皮質可以將現在的自我，投射到過去的經驗中，並且去體驗當時的人事物。也可以將現在的自我，投射到未來的人事物，讓自己預先經歷還沒有發生的想像情境。這是我們人類的大腦和動物的大腦，很不一樣的地方之一。

　　內側前額葉皮質在整合、處理和自我有關的訊息過程

中，會傾向以負面資訊來做整合。如果內側前額葉皮質被過度激活，有可能會讓我們一直反芻著負面的後果，導致不敢輕易做出嘗試。大腦會有負面反芻思考的傾象，和大腦的演化有關係。你試想一下，當我們的老祖宗在眾多兇猛肉食動物環視的環境裡，是那些負面思考的人容易生存下來？還是比較樂天的人容易生存下來？答案很清楚，負面思考的人比較容易生存下來，原因是負面思考可以讓我們有機會提早避開野獸的攻擊。雖然負面思考有利我們生存，但卻不利於我們生活。因時代轉變，我們的生活環境已經和老祖宗們的生活環境有很大的不同。現代的生活，你被野獸攻擊的機會相當低，在這種情況下，負面思考的大腦，就很容易造成我們生活很大的困擾。

當我們談到有關於自己的時候，大腦中的內側前額葉就被激活，讓我們得以建構出自己是什麼意涵。這個腦區主要處理與個人經驗有關的相關訊息，與負責身體覺知及恐懼中樞相關的腦區有很強的連結。倘若內側前額葉功能有異常，自我概念就會變得混亂或失功能，臨床實務上，思覺失調症、憂鬱症的患者就是很好的例子。

近年有學者提出敘事聚焦系統（narrative focus）與經驗聚焦系統（experiential focus）兩套系統兩套系統來描述自我（Farb et al., 2007）。敘事聚焦系統，讓我們的大腦可以連結過去的經驗以及未來的想像。經驗聚焦系統，則幫助我們專注於現在，讓我們可以看到、聽到、體驗到當下所有

的發生。通常，你我大部分的時間，會很自然地運用起敍事聚焦在進行自我的剖析。

　　敍事聚焦系統，通常會動用到預設模式網路。透過後扣帶迴皮質與內側前額葉皮質的連結，它會讓我們的大腦不斷地出現許多關於過去與未來的畫面，想著許多關於自己與他人的事情，讓我們難以專注於目前的事物。敍事聚焦的功能非常強大，也是我們人之所以為人，和動物很不同的原因。如果後扣帶迴皮質在合宜的時機適當地被激活，可以讓人具有創意性的思考。然而，倘若在不合宜的時機過度地被激活，就容易讓人產生無法停止的自我反芻負面思考。

　　相對於敍事聚焦系統由大腦中的後扣帶迴皮質與內側前額葉皮質所負責，經驗聚焦系統則由大腦背外側前額葉皮質以及後頂葉皮質所掌控。與這個腦區最有關聯的就是工作記憶，掌控著我們認知功能最高層級的監控與統整、問題解決能力、推理能力等功能。如果再將背外側前額葉皮質的功能做進一步的區分，負責掌管「我要做」功能的腦區，主要在左邊外側的前額葉。這一區的大腦皮質會協助我們思考為了達成目標，需要做些什麼事？負責掌管「我不能做」功能的腦區，主要在右邊外側的前額葉。這一區的大腦皮質會協助我們思考為了達成目標，不能做些什麼？

　　人是否真正擁有自由意志？還是一切我們的認知只不過是來自大腦細胞活動所產生的幻象？從腦科學來理解自我意識，腦科學家會認為一旦大腦停止活動，意識喪失，我們的

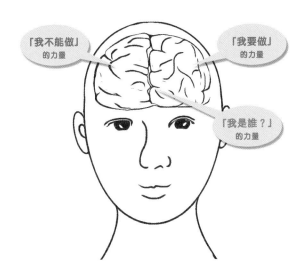

靈魂也會跟著消失。意識是由大腦所創造出來的假說，雖然比意識創造了腦的假說，有著更多腦科學實證研究的相關佐證，然而這樣的假說，不盡然都能被所有的腦科學家、心理學家以及哲學家們所贊同。動機與意圖從我們意識不到的背景中浮現，掌控了我們的意識。其實，某種層度來說，我們並沒有像想像中，擁有自由意識選擇的能力。

　　存在我們身上的兩個自己，一個是大腦生理化學的變化，另一個是意識的感知。大腦生理化學的變化，是真實存在，也是可以被看見的。然而，意識的感知是否就等同於某種大腦生物化學或電位的狀態？還是可以獨立在大腦生理化學或電位變化之外？也就是說，意識是在大腦生理化學或電位變化後的產物？還是意識可以先於大腦生理化學或電位的

變化？腦死之後，人還會有意識嗎？靈魂還在嗎？意識會消失嗎？還是只是轉換成另外一種形式存在於大自然裡？1907年《美國醫學（American Medicine）》期刊上，刊登了一篇研究論文。研究者發現，人死的那一刹那，身體的重量會減輕21克。雖然這個研究方法存在著許多的爭議，結果推論也有其問題。但，關於靈魂議題的探討，一直是我們人類自古以來一直沒有放棄探究的重點。

即便從腦科學來談自我意識，可以提供我們認識自我一個很不錯的管道，但「靈魂可不可以脫離我們的大腦而獨立存在？」、「生命結束後，靈魂還存在嗎？」、「靈魂是大腦的化學反應而已？還是大腦只是靈魂表現的一種介質？」等這些問題，或許還需要更多腦科學、心理學家、哲學家等專家進一步的努力，才能爲這些問題給出答案。

體現認知

對於體現認知（embodied cognition）這個名詞，你可能會比較陌生一些。體現認知指的是我們人的認知，其實是由我們身體各方面所塑造而成的。體現認知，顧名思義可以分爲兩個部分：認知與身體部分。當中，認知部分包含我們的推理、判斷、學習和思考等認知任務，以及高級抽象概念的心理產物；而身體部分則包括了感覺與運動系統。所謂的體現認知，就是我們的認知，是基於身體與環境的相互作用來解釋這個世界，生理的體驗和心理的狀態，兩者之間有著

強烈的連結。

　　這樣的概念，與你的認知可能會有一些不一樣。通常，我們都會認為，認知和身體是分開的兩個系統。也就是說身體的各種感覺，和大腦的推理、判斷、學習與思考，這兩個系統是不相干的。但，近年來，神經心理學家則提出了另一個看法，認為我們的大腦並非是唯一可以決定你認知的一個器官，我們身體諸多的感覺，其實也會參與你認知的決策過程。儘管大部分的時間，我們都沒有意識到，我們的身體也參與了思考的決策，但事實是，生理體驗和心理狀態是彼此相互影響的。

　　下面幾個例子的說明，你可能會對體現認知有更多的瞭解。當我們手上拿著熱咖啡，我們會覺得眼前和我們談話的人比較溫暖、友善；當我們坐在硬椅子的時候，我們的態度會顯得比較強硬，且不願妥協；抱著軟軟的泰迪熊，可以減緩我們被他人拒絕所帶來的負面情緒。上述種種身體影響了認知的現象，被稱為體現認知；當我們用牙齒咬著鉛筆的時候，我們外顯的表情，呈現出來的是不得不微笑的情感。這時候，如果去衡量我們內在的感受，相對的也會有比較高興的感覺；在罹患憂鬱症的人的眉間，注射肉毒桿菌，很容易會產生一個效果，那就是會減緩皺眉的程度。皺眉的程度減緩了一段時間後，憂鬱的症狀也會獲得部分的緩解。

　　再舉一個例子，你或許更能夠瞭解體現認知在日常生活中的影響。不知道你是否有聽過莎士比亞名劇中，那位殺了

蘇格蘭王的馬克白夫人？劇中的馬克白夫人在殺了鄧肯後，藉由拼命地洗手，來洗掉自己的罪惡感。這種產生不純潔念頭或行為後，藉由肥皂和水的清洗動作，可以達到吸除心理不安的後果，被稱為馬克白效應。別小看洗手這樣的小小動作，這個動作不僅只是清潔的作用，對我們的心裡也會產生許多的影響。馬克白效應，從神經心理學體化認知的角度來看，或許馬克白夫人，藉由洗手的動作以及肌膚與水接觸的感覺，讓我們的大腦產生了不同的思考神經迴路。有相關的研究也證實，洗手這個動作，的確可以在我們搞砸事情後，負能量快要滿出來時，讓我們可以變得比較樂觀，及充滿信心（Kaspar, Krapp, & König, 2015）。

上述的例子，說明了身體的狀態，某種程度的確會影響我們認知的表現。也證明了大腦似乎並不是唯一可以決定我們認知的一個器官，身體也參與了認知判斷的過程中。

腸腦軸

腸道微生物，有可能綁架你的腦神經嗎？不了解腦功能科學的你，可能很難想像，大腦不只自己下命令而已，還會聽腸道菌的話。其實，我們的腸道和我們的大腦兩者的連結關係，其實密切程度是超乎你的想像。

腸道中的微生物也會影響我們大腦中神經傳導物質的合成。如果腸道中的微生物菌種發生了改變，許多關於情緒的神經傳導物質也會受到影響，進而導致情緒有了波動。比方

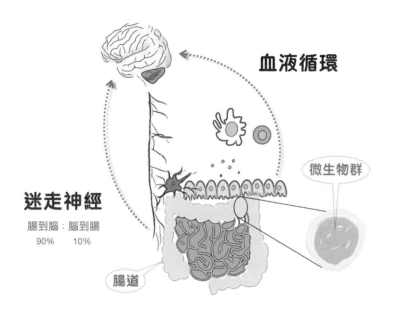

血液循環

微生物群

迷走神經

腸到腦：腦到腸
90%　　　10%

腸道

說含有色胺酸的食物從腸道吸收後，轉換爲合成血清素的生成原料，之後，再透過血液運送到腦部。如果腸道的功能不佳，吸收及轉換的過程就會比較沒有效能，血清素的合成就會受影響。另外，當腸道不健康、腸道菌叢異常的時候，腸道也會透過免疫激素、細胞激素、迷走神經等，來影響大腦的功能，比方誘發孩童注意力不集中的相關症狀。由這個觀點來說，把腸道比喻爲我們第二個大腦，其實也不爲過。

　　腸道擁有許多密密麻麻的神經細胞，這些神經細胞匯集訊息，之後再透過腸腦軸，將訊息傳給我們的大腦。我們的大腦也會透過腸腦軸，直接及間接影響我們腸道的功能。

比方說當我們腦袋瓜感受到過度壓力時，大腦就會透過神經與內分泌系統影響了腸道的健康。常見的腸躁症、憂鬱症、焦慮症等身心疾病，都和腸腦軸有相當的關係。腸腦軸其實是雙向的，腸道的狀態會影響腦部的健康，腦部的狀態也會影響腸道的健康。當中透過迷走神經所傳遞的訊息，大約有90%的訊息是從腸道傳遞到我們的大腦，只有大約10%的訊息是從大腦傳遞到我們的腸道。這似乎暗示著，腸道到大腦的影響比大腦對腸道的影響還來得大。

吳偉立教授的研究團隊發現，在老鼠的腸道給予特定的腸道菌，可以抑制HPA軸的激活，減少腦中的壓力荷爾蒙，進而增加老鼠的社交行為（Wu et al., 2021）。研究結果，支持了我們的腸子與腦子，兩者的關係是非常緊密的。

要怎樣才能保持腸道的健康？適當地補充益生菌是其中的一個方式。益生菌是一種活的微生物，如果適當地補充，可以讓腸道的菌種得到平衡，間接也有助於我們大腦的健康。

記憶與遺忘

希臘神話故事裡，有一位名叫寧默辛妮的女神，職責是掌管記憶。她是統領宇宙至高無上天神宙斯的眾多情人之一，也為宙斯生了九位美麗的女兒。這九位女兒，負責文藝與科學。古希臘人把記憶當成是文藝與科學之母，這說明了

記憶的重要性。

記憶力在日常生活中，扮演很重要的角色，也和我們的生存息息相關。記憶的能力，可以讓我們記住之前的相關經驗，包括經歷過的情境、犯過的錯誤以及曾經有效的處理方法，使我們可以速地適應新的環境。喪失了記憶力，周遭的人、事、物將會變得陌生，我們也將無法運用過去的經驗法則，生存就會受到極大的挑戰。

不知道你對於每天操控自己的記憶過程知道多少？記憶與睡眠兩者的關係又為何？人類大腦的記憶系統演化至今，也還不是很完美，我們會忘記曾經發生過的事，也會在回憶中記起沒有發生過的事。以下針對和記憶有關的「記憶類別」、「記憶過程」、「回憶與創意」、以及「遺忘」的議題，分別作進一步的說明與解釋：

記憶類別

人的記憶是一個由感覺、短期與長期記憶所組成複雜且微妙的系統。因此要談記憶相關的腦科學前，我們一定需要知道記憶是怎麼被分類的。一般來說，記憶可以依據儲存時間的長短，將記憶分為感覺記憶、短期記憶及長期記憶。

感覺記憶，指的是瞬間的記憶，儲存的時間大約為幾秒鐘。如果對訊息繼續加以注意，感覺記憶就可以進入短期記憶；短期記憶，指的是儲存的時間為幾秒鐘到幾天。短期記憶的容量有所限制，而且也比較容易被淡忘；長期記憶，指

的是經驗或知識的訊息，經一定過程的加工及固化，之後在大腦皮質留下神經細胞相關連結的網路記憶。儲存時間可以持續幾個月、幾年，甚至是終生，記憶保留的時間可以持續比較久。當中還有待商榷的是短期記憶與長期記憶的劃分，因為很難有一個確切的時間切分點。

　　談到短期記憶，就不得不提到阿特金森（Atkinson）和雪夫林（Shirffrin）這兩位學者。他們發現有一種記憶只存在幾十秒，如果訊息不處理，就會消失不見，也不會進入長期記憶中（Atkinson & Shiffrin, 1968）。短期記憶不只記憶的時間短，在記憶容量上也有一定的限制。一般來說，大約是7±2的訊息單位（數字、文字等）。

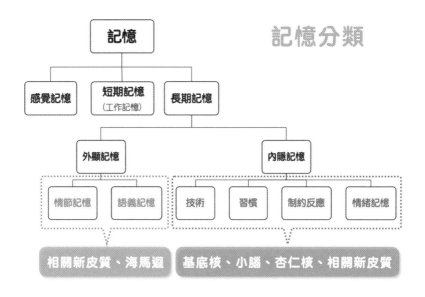

記憶所扮演的角色，是我們理解世界以及學習的基礎。除了可以協助我們解讀當下的資訊外，還可以協助我們預測未來。沒有感覺記憶，我們就不會和這個世界有所連結。沒有短期記憶，就沒有機會形成長期記憶。沒有長期記憶，我們就無法從過往的資料庫中調出資料來比對當前的感覺訊息，並做出解釋。無法解理解當下發生的事，也就無法對未來做出判斷。

記憶的分類，除了依據儲存時間的長短來劃分外，還可以依據記憶的內容來做區分，將記憶分為兩種類別：一種是外顯記憶（又可以被稱為陳述性記憶），另一種是內隱記憶（又可以被稱為程序性記憶）。外顯記憶，又可以被分為情節記憶及語義記憶。情節記憶，指的是發生在特定時間和特殊情境下的事，是我們日常生活發生的事實或事件的記憶，例如「上週我參加了考試」、「去年發生了車禍」。

而語義記憶指的是我們知道的歷史知識、社會定義、物理原則等記憶，是一種不涉及特定時間和地點，也不直接包含個人經驗的記憶。當我們看到「老師」這個詞時，是因為我們大腦中原本就儲存有關於「老師」的語義記憶，我們才能知道「老師」這個詞的意思。當老人家看到「3Q」這個符號，因為他腦中沒有儲存有關於「3Q」相關的語義記憶，所以他會感到一頭霧水，不知所云。但對於年輕人來說，「3Q」那就又不一樣了，因為它代表就是謝謝的意思。假如兩個詞的語義相類似，對於辨識這兩個詞時被活化的腦區，

也會非常的類似。

　　不管是語義記憶，還是情節記憶，都是可以用語言來表達，因此也被稱爲陳述性記憶。至於內隱記憶，包括有技術、習慣、制約反應、情緒等相關的記憶。這類記憶很難以用語言來描述，通常和操作的程序有關，因此也被稱爲程序性記憶。

　　我們的大腦，透過內隱記憶與外顯記憶共同的交織，進而創造了我們對這個世界的認識。刻畫在邊緣系統的記憶比較牢不可破，然而，刻畫在在大腦皮質的記憶，其記錄就顯得比較容易淡忘不見。每一次對事情的解讀，都可以說是帶著以前記憶的角度在詮釋。過去的記憶影響了我們的決策，有時候，是基於我們意識層面下可以知覺的過往外顯記憶所做出決定。更多的時候，是由我們意識層面無法意識到的過往內隱記憶所做出的判斷。

記憶過程

　　我們的大腦，就像是一種天然的資訊儲存器。如果我們學習與記憶資訊越多，這些留在我們大腦神經迴路的資訊痕跡就越多，未來可以被我們提取出來運用的資訊也就越多，就代表我們的經驗越豐富，也比較聰明。記憶力是人類演化過程中，老天爺留給我們的一種很重要的能力。學習可以讓我們獲得新訊息，而記憶則是讓我們能將所學習到的訊息加以保留下來。

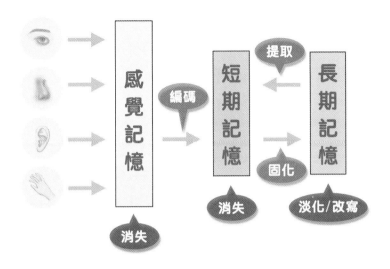

　　記憶的過程，以腦功能科學的角度來說，是一種大腦神經細胞的神經生理變化，涉及了資訊的編碼、儲存、及提取的能力。記憶的過程包括了訊息的接受、訊息的編碼、訊息的提取過程。訊息的接受指的是的感覺記憶，也就是我們對事物的感知，是一種瞬間記憶。訊息的編碼，是一種短期記憶。編碼後，我們就會將接受到的訊息植入到資訊儲存庫中，進而變成我們所謂的長期記憶。記憶的途徑可以簡化為：感覺輸入→感覺記憶→短期記憶（工作記憶）→長期記憶→貯存資訊的回憶。儲存在資訊記憶庫裡的長期記憶，是建立在感覺記憶與短期記憶的基礎之上，如果沒有前面兩個步驟，就沒有辦法形成長期記憶。

根據神經心理學的相關研究發現，儲存於海馬迴的外顯記憶是暫時的，只有大腦皮質相關的記憶細胞活化，才能使短期記憶轉變爲長期記憶。外顯記憶需要發達的大腦以及海馬迴皮質等腦區的相互合作，記憶的第一步需要將外界的訊息拆解並作編碼。編碼的過程，必須針對事情專注，沒有專注，就無法將資訊做進一步的編碼。

　　感覺記憶的存儲時間很短，在幾毫秒到幾秒之間不等，而且會根據感覺刺激的來源，儲存於相對應的腦區中。比方說，有關於聽覺的訊息，就會儲存在與聽覺有關的腦皮質。感覺記憶的接受是沒有意識的，它的功能是過濾輸入的訊息以及選擇性注意。一般來說，前扣帶迴皮質會依據警覺網路運作的兩個判斷原則（由下往上感覺刺激的警覺、由上往下目標導向的注意），再決定是否能轉變爲短期記憶、工作記憶或長期記憶？

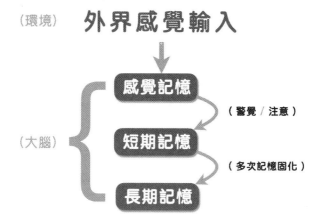

巴貝茲迴路
(Papez Circuit)

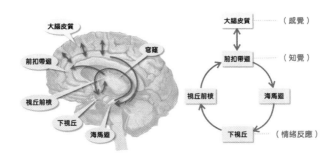

　　面對感覺記憶後，接下來大腦處理的路徑會怎麼走？腦神經科學家巴貝茲將工作記憶是如何在大腦留下刻痕的神經迴路，進一步做了描繪。他表示若要使短期記憶變成長期記憶，會牽涉到許多大腦不同的區域，這些區域包括有：大腦皮質、前／後扣帶迴、海馬迴、穹窿、下視丘、乳狀體、視丘前核等區域。這個腦神經迴路（大腦皮質→前扣帶迴皮質→海馬迴皮質→穹窿→下視丘→視丘前核→前扣帶迴皮質→大腦皮質），也被稱為巴貝茲迴路。

　　大腦中的海馬迴皮質與其臨近的相關腦區（如：內嗅皮質、嗅緣皮質、旁海馬迴皮質），對於外顯記憶的儲存與提取過程，扮演重要的角色。海馬迴皮質負責統整不同的感覺訊息，並將新合成的訊息，經過固化的過程轉移儲存到負責外顯記憶的相關大腦皮質中。前、後扣帶迴與工作記憶的中央執行網路模式有關，海馬迴皮質的功能則與短期記憶的儲

存有密切關係，額葉、顳葉及頂葉的大腦皮質則扮演長期記憶的儲存倉庫。

在記憶形成的過程中，海馬迴中的內嗅皮質接受來自外界的訊號，這些訊號再經由齒狀迴中CA3腦區的神經細胞將訊息傳給CA1腦區的神經細胞，形成所謂的三突觸迴路（trisynaptic circuit），於是記憶形成的必要條件就得以形成。

有一種記憶被稱為工作記憶，是大腦皮質允許臨時儲存和複雜認知操作（例如語言理解、學習和推理）所需的資訊，它也是一種短時間的記憶。如果來自於感覺記憶的訊息有被前扣帶迴皮質注意到，才有機繼續送往工作記憶。

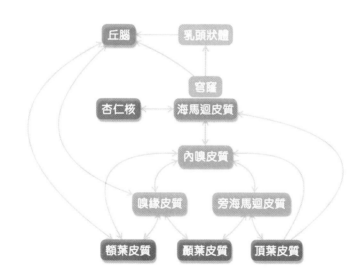

當心理學遇到腦科學（一）
大腦如何感知這個世界

關於工作記憶，是由米勒（Miller）等學者所提出來的概念，他們認為記憶是用來計畫行為並執行的。至於工作記憶比較完整的概念，則是由學者巴德利（Baddeley）和希奇（Hitch）於1974年的時候所提出來的。當時，他們提出了所謂工作記憶模型，認為工作記憶分為三個部分，包括了中央執行、語音迴路，和視覺空間寫生板。中央執行主要負責引導注意力、監控以及調節資訊的流動，而語音迴路和視覺空間寫生板則分別負責儲存語言內容及視覺空間資訊。後面兩個系統，一般來說，僅僅只是作為訊息的短期儲存中心。當中和聽覺相關的訊息，可以直接進入到大腦中短期儲存的腦區，視訊相關的訊息則需要轉化為聽覺形式，才能進入大腦短期儲存腦區。工作記憶之所以也會被認為是一種短期記憶，是因為這兩種記憶的運作，有部分神經網路的運用是相似的。

工作記憶是我們能有意識地去接收感覺記憶並將它輸入工作記憶，以及從長期記憶的資料庫中提取與當下任務相關的訊息。工作記憶也是屬於短期記憶，相關的記憶痕跡大約在一分鐘內就會衰退。雖然時間很短，但也足夠讓我們處理需要保留的相關訊息。如果這個訊息很重要，就需要使用語音迴路的方式（例如：背誦、重複），才能把訊息傳遞到大腦其他的記憶區去做訊息儲存，之後再轉變為長期記憶的保存。工作記憶是前額葉皮質特別發達的人類所獨有的一套神經迴路，它能將外界的資訊暫時儲存於大腦中。也因為工作

記憶有這樣暫存的功能，讓我們可以調動大腦其他腦區的相關資訊，並且與過去的記憶比對後進行思考。

工作記憶的容量不是很大，也沒有辦法儲存很久。你可以將它想像成一個可以重複使用的小黑板，我們閱讀、學習、思考等日常活動時，這個小黑板寫下需要應對的相關內容與策略。之所以稱為小黑板，因為它能記載的空間不會很多，因為是臨時性的，所以能夠保留的時間也不長，會因為下一個生活事件發生，小黑板上的內容，不是很重要的、沒有用到的訊息也會被清除，跟著不同事件接續的發生而呈現動態性的改變。

當我們在閱讀文字時，大腦會運用兩條神經迴路來進行理解：第一條神經迴路是將文字的符號透過視覺進行與大腦裡文字記憶庫比對，直接對文字進行語意的理解；第二條神經迴路是將文字先轉化為大腦的內在聲音，之後再透過語音迴路進行文字語義的理解。而工作記憶，特別使用到的是語音迴路。當我們在思考的時候，倘若思考的內容涉及比較複雜抽象概念，難以用具體化的圖像進行理解，這時大腦就需要運用語音迴路來進行抽象思考的心理活動。

你可能對語音迴路這個名詞很陌生，但你可能不知道，其實每天我們的大腦都會用上好幾百遍，甚至數千遍都有可能。語音迴路就是當我們在閱讀一段文章的時候，除了我們眼睛的視線需要放在要閱讀的文字上外，大腦掌管語言布羅卡區也會跟著活化起來。即便我們沒有張口說話只是在心中

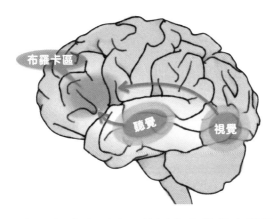

默唸而已，但是經由布羅卡區的活化會帶動大腦其他相關的腦區也開始運轉，在腦海中形成聲音，不斷播放著我們眼睛看到的內容。腦海中聽到的聲音，並不是來自外界實際的聲音，而是大腦神經系統相互呼應配合所形成的特殊反應。這也解釋了為什麼我們在默唸的時候，同時也能夠感覺有聽到聲音的原因。這種無聲的聲音，其實就是語音迴路所產生出來的聲音。

布羅卡區位於大腦的優勢半球（通常是左側），大約是在我們眼睛後方的額葉皮質到顳葉皮質之間。這個區域的神經細胞被活化的時候，它會在我們的腦海裡，將閱讀到的文字轉變成聲音，讓我們在默唸的時候，還能感受到聽到聲音的感覺，這對我們記憶有很大的助益。無論是閱讀還是思考的過程，所謂的內在聲音，就是大腦負責語言活動功能的布羅卡區開始活化。當這個區域的神經被活化的時候，就會把聲音或想法的資訊，傳遞給其他腦區做進一步的訊息處理。

有時當我們進行有目的的思考心理活動時候，大腦也可能會無意識地自動重複出現與眼前目的無相關語音迴路。這些與目的無相關語音迴路的出現，會占據大腦原本記憶容量空間就不大的語音迴路空間，進而影響了原本有目的思考心理活動的效能及正確率。這些與目的無相關的語音迴路，在佛教領域中被稱之為妄念。

　　簡單來說，工作記憶指的是我們的大腦將經由感官收集到的外界訊息，保存一段很短的時間（幾十秒），在這一段時間內，大腦同時將這些訊息做進一步處理。這樣的功能是我們讀書、計算等能力的基礎，也是我們日常生活體驗、學習等的必要機能。

　　嚴格來說，工作記憶和短期記憶是有不同之處的。雖然有一些人認為這兩個名詞是相同的，但實際上這兩個名詞的概念是不一樣的。認為工作記憶與短期記憶是不相同的學者，他們認為工作記憶與短期記憶最大的差別是，短期記憶強調的是最近資訊的儲存能力，而工作記憶則是強調推理、計畫與計算資訊的整理與儲存。

　　短期記憶（或工作記憶）經過背誦、重複後，就有機會再透過睡眠時候的固化歷程，將記憶轉移至長期記憶中被儲存。你可以將我們的大腦想像成一部電腦，大腦皮質就好像是電腦中保存記憶的硬碟，海馬迴皮質就好像是電腦中的隨機存取記憶體（RAM）是系統的短期資料儲存區。海馬迴皮質的資料只能存放一段時間，之後就會固化成長期記憶。

海馬迴皮質對於我們學習和記憶的過程，扮演重要的角色。日常生活中的短期記憶都先儲存在海馬迴皮質，如果記憶資訊在短時間被重複提及，海馬迴皮質就會將其資訊轉存至其他大腦的皮質區，讓資訊轉變長期記憶。相對來說，存在海馬迴皮質的訊息，如果有一段時間沒有被使用的話，就會慢慢地被移除掉。倘若海馬迴有皮質受損的話，就無法將日常生活中的體驗或學習轉變成長期記憶了。

　　達爾文用進廢退縮的理論，也可以用於大腦記憶過程上，突觸的連結會因刺激多寡而有增減。神經心理學領域有一個關於倫敦計程車司機海馬迴皮質的研究，就呼應了達爾文用進廢退縮的演化理論。研究顯示，比起一般民眾，腦科學家發現倫敦計程車司機的海馬迴皮質有比較大的體積。當中，有經驗的司機，他們的海馬迴皮質又有更大的傾向。研究發現合理的解釋是，在倫敦開計程車會比在起他城市開計程車來得困難，因為在倫敦許多街道並沒有連續通行，常常會有中斷一段距離之後，又再以相同的街道名稱繼續下去。其中，又有一些單行道或是限定路線進入的道路。因此，要在倫敦當計程車司機，就需要重複使用和記憶有關的海馬迴皮質，結果就造成他們腦中海馬迴皮質的體積有變大的趨勢。

　　談完了記憶相關的神經迴路後，在記憶的過程，神經細胞分子的結構又產生了什麼樣的改變呢？前面章節提到，細胞膜上NMDA接受器就像是神經細胞的記憶開關，一旦

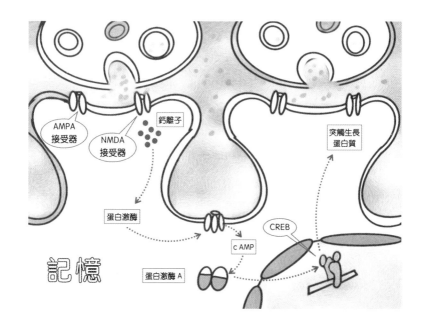

AMPA
接受器

NMDA
接受器

鈣離子

突觸生長
蛋白質

蛋白激酶

CREB

c AMP

蛋白激酶 A

記憶

被激活後，會使得細胞內的蛋白激酶（protein kinase）
向細胞核移動，並透過環磷腺苷反應元件結合蛋白（cAMP
response element-binding protein, CREB），開啟特殊基
因的轉錄程序產生新的信使核糖核酸（mRNA），進而活化
了叫CREB的調節蛋白，讓神經突觸能合成出新的蛋白質。這
些新長出的神經突觸連結，讓經驗與學習的記憶得以變得更
長久。從細胞分子結構的角度來看，想要讓CREB能夠被啟
動，進而引發神經細胞能產生新的突觸，反覆的刺激就是一
個很重要的必要條件。

　　打個比喻來說，CREB調節蛋白就好像記憶的黏著劑，

可以將記憶固定在神經網路的傳導途徑中比較長的時間。沒有CREB調節蛋白的幫助，記憶就者能維持比較短的時間。另外，CREB調節蛋白還有一個功用，它提供了長期記憶的一個閾值，篩選哪些記憶才是值得被大腦黏著成長期的記憶。接下來你或許會問，那些訊息能突破神經細胞的閾值，讓神經細胞產生CREB呢？答案是重複刺激的學習，或是重要且富含強烈情緒的經驗（例如大地震、車禍、家暴、性侵等重大事件），兩者都能啟動環磷腺苷反應元件結合蛋白的功能，進而產生CREB調節蛋白，長出新的神經網路連結，讓記憶變得更長久。

睡眠、夢與記憶固化

　　人清醒時的經驗與學習痕跡，在睡眠時的大腦產生什麼樣的變化？睡眠和記憶又有什麼關聯呢？一輩子我們有1/3的時間在睡覺，睡覺除了可以讓我們解決白天的疲勞外，對我們的記憶有著很大的影響。

　　每一天，我們都有新的體驗與學習，清醒時不同的學習與經驗，會產生不同的記憶。這些新的記憶，會被統整到原有的記憶框架裡，然後再被歸檔到大腦的記憶儲存區中。新記憶融入舊記憶框架的工作過程，是在我們睡眠中被完成。從長期記憶提取相關記憶，與新記憶經驗混合，然後再返回長期記憶的固化歷程。這個記憶固化的歷程，就發生在睡眠階段，特別是在做夢的時候。

大腦透過分泌不同的神經傳導物質，會讓我們的大腦進入睡眠的休息狀態。雖說是在睡眠休息狀態，其實，睡覺的腦還是有一些特定的腦細胞會保持清醒，特別是位於海馬迴皮質的神經細胞和我們長期記憶的儲存有關係。你可以將大腦的海馬迴皮質比喻成黑板，當我們從外界獲取的的知識或經驗的時候，就好像在黑板上做記錄。這些記載在黑板上知識或經驗的紀錄，在經過睡眠階段記憶固化的歷程，慢慢地在大腦皮質其他部分的腦區轉變成長期記憶。在此同時，因為黑板有空間大小的限制，倘若要記載新的資訊，原來在黑板上的紀錄痕跡就需要被移除掉，以騰出空間作為新的短期記憶儲存之用。海馬迴皮質的大小有其限制，它不是長期記憶的儲存區，僅作為新經驗與新學習記憶的誕生地。

　　如果把我們的大腦比喻成電腦，那麼大腦皮質就像是保存記憶的硬碟，是我們長期記憶的存儲區，海馬迴皮質則是大腦的記憶晶片，是感覺記憶轉化為長期記憶的中繼站。海馬迴皮質神經細胞突觸間關於學習和情節記憶的神經連結，如果沒有經過記憶固化的過程將訊息轉存於大腦皮質長期記憶的腦區，通常幾天到幾年就會淡忘及消失。

　　根據腦波的顯示和臨床行為的改變，睡眠階段可以分成兩種型態：一種稱為快速動眼期（rapid eye movement, REM），另一種則稱為非快速動眼期（non-rapid eye movement, non-REM）。快速動眼期大約占整個睡眠時間的1/4，非快速動眼期大約占整個睡眠時間的3/4。非快速

動眼期又可以分爲四個時期，分別爲第一、第二、第三以及第四時期。正常的睡眠，是由非快速動眼期的第一個時期開始，然後依序進入第二期、第三期以及第四期。第一和第二個時期被稱爲淺度睡眠，第三和第四個時期被稱之爲深度睡眠。睡眠由淺度睡眠進入到深度睡眠，然後再由深度睡眠返回淺度睡眠，之後，再進入所謂的快速動眼期階段，這樣叫做一個周期循環。

每一個睡眠周期循環，大約需要花60到90分鐘左右。當中，約略有10～20分鐘的時間，是處於做夢的快速動眼期睡眠階段；其他睡眠的時間則是非快睡動眼期睡眠階段。快速動眼期與非快速動眼期在每個睡眠周期都可能會出現，只是睡眠前期與睡眠後期所占的比例有所不同。快速動眼期在睡

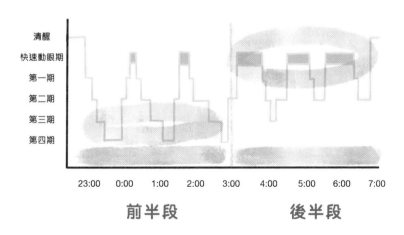

睡眠階段

前半段　　　　　　　　　　後半段

眠的一開始，可能只有不到10分鐘左右的時間，然而來到了快清晨的時候，快速動眼期大量出現，可能會延長到快要30分鐘甚至更長的時間。在快速動眼期睡眠階段，除了眼球會迅速且頻繁的運動外，還會有：血壓及心跳都不穩定、肌肉抖動、做夢以及男性陰莖勃起。當中，快速動眼期睡眠階段與非快速動眼期睡眠階段的轉換，和我們大腦中乙醯膽鹼、皮質醇以及正腎上腺素的分泌有關。正腎上腺素的減少，乙醯膽鹼和皮質醇的增加，讓我們的睡眠會進入快速動眼期睡眠階段。

乙醯膽鹼在睡眠中有其獨到的功用，可以防止做夢受到外界的干擾。為何乙醯膽鹼可以在睡眠階段有上述的功能？先談一點基本的科普知識。注意力的維持，取決於正腎上腺素和乙醯膽鹼。正腎上腺素和乙醯膽鹼，是藉由異源物質接受器（heteroreceptor）的整合進入大腦迴路。所謂的異源物質接受器是一種神經傳導物質的接受器，能接受不只一種的神經傳導物質。這樣的特性和自體接受器（autoreceptor）很不一樣，因為自體接受器只能接受特定的神經傳導物質進入突觸。有了這些科普知識後，再回來看作用於異源物質接受器上的正腎上腺素和乙醯膽鹼。乙醯膽鹼和正腎上腺素的分泌，會相互影響彼此的釋放。這樣就可以理解為何乙醯膽鹼會在快速動眼期睡眠階段達到最高峰，因為乙醯膽鹼的釋放可以減少正腎上腺素的釋放，有助於防止外界資訊進入，進而干擾到我們做夢的過程。

在非快速動眼期睡眠階段的大腦，其電位活動節律較慢，也被稱為慢波睡眠，此時的身體是可動的；而在快速動眼期睡眠階段的大腦，出現人在清醒時才會有的快速節律（β波），眼球會迅速且頻繁的運動。在快速動眼期的做夢階段，身體有一個明顯的特徵，那就是我們的肌肉暫時地被選擇性抑制。因為掌控快速動眼期睡眠階段的腦幹，會在這個時候向脊髓運動神經細胞發出抑制性投射，阻止了下行的運動指令，使得此時的身體變得癱瘓，沒有辦法動。睡眠出現最生動、最有感覺夢的時候，通常會是在快速動眼期睡眠階段，如果我們在快速動眼期睡眠階段被喚醒，就比較容易記住自己所做的夢。在非快速動眼期睡眠階段，一般不會生成那麼的鮮明和複雜的夢，通常醒來也不會有任何記憶。

人清醒時，如果重複刺激我們的腦神經細胞，就會增加神經突觸傳導的效能，也就是我們所說熟能生巧的原理。到了睡眠的時候，大腦就會交替地進入非快速動眼期與快速動眼期兩種睡眠階段，這兩個階段對於記憶的固化，有很重大的貢獻。清醒時不同的學習與經驗，會產生不同的記憶。大腦也會在不同的睡眠階段，編碼與處理不同類別的記憶訊息。記憶的固化，大部分的歷程會發生在睡眠前兩小時的非快速動眼期睡眠階段，以及接近清醒時最後90分鐘的快速動眼期階段。在快速動眼期睡眠階段，大腦皮質上的訊息會流向海馬迴皮質。在非快速動眼期睡眠階段，訊息會從海馬迴皮質流向大腦皮質。

快速動眼期的腦

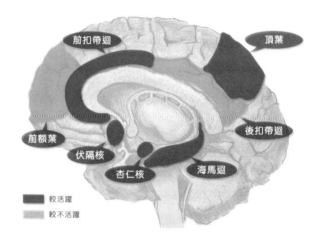

前扣帶迴　　　　　頂葉

前額葉　　伏隔核　　　　　後扣帶迴
杏仁核　　海馬迴

■ 較活躍
▧ 較不活躍

　　人在入睡以後，大腦的神經細胞並不是所有都進入休息狀態，在做夢的時候，有部分的腦神經細胞還在運作，這就是做夢的神經心理基礎。在做夢時期，杏仁核、伏隔核、前扣帶迴皮質、海馬迴皮質、及頂葉皮質等腦區被激活，而前額葉皮質及後扣帶迴皮質的神經活性相對不活化。因爲杏仁核、伏隔核、前扣帶迴皮質、及海馬迴皮質等腦區被激活，白天發生記載在海馬迴皮質以及情緒感知的部分會變得比較活躍，因此夢境總是有滿滿的情緒，內容和白天的情境有關聯。另外，夢境的呈現，也因爲頂葉皮質被活化，所以夢境會有空間感（比如從高樓掉下），但因爲前額葉皮質相對不活化，所以夢境的內容通常會不合邏輯。

記憶固化的歷程，不會在一個晚上的睡眠就完成，通常會是需要花上連續好幾個夜晚的睡眠。也就是說，新的經驗或記憶產生後的幾個晚上（不是只有當天晚上的睡眠而已），有沒有獲得良好品的的睡眠，對於學習與記憶有相當重要的助益。假如沒有良好的睡眠品質，就會影響你對這個新經驗的記憶儲存。神經心理學領域有許多研究結果都發現，睡眠對於我們學習的重要性。要怎樣才能將記憶好好記住，除了專心注意、以及良好的歸類外，如何在學習後的那幾個晚上，有個好品質的睡眠，也是值得我們注意的。

　　多年來，腦神經科學家認為陳述性記憶是與海馬迴皮質與額葉皮質等相關的腦區有關係，藉由固化的歷程，在海馬迴皮質的記憶刻痕會慢慢地轉移到額葉皮質長期的記憶庫。然而，近日有腦神經科學家提出不同的看法，認為在記憶的過程中，我們在經驗事件的當下，額葉皮質與海馬迴皮質會同時出現事件記憶的神經刻痕，只不過在額葉皮質記憶細胞一開始是呈現沉默狀態。事件大約經過兩週以後，隨著額葉皮質中的記憶細胞慢慢地被喚起，短期記憶就轉變成長期記憶，而在海馬迴的記憶細胞也隨之轉為沉默狀態（Trafton, 2017）。這個發現，也提供記憶固化歷程有不同神經途徑的解釋假說。

　　前面的章節有提到關於海馬迴組織亨利・莫萊森因癲癇手術導致沒有辦法形成記憶的小故事。從亨利・莫萊森的故事中，腦科學家除了發現海馬迴皮質與長期記憶有關，和短

期記憶無關的結論外，還有一個發現，那就是亨利‧莫萊森受損的是陳述性的記憶，而不是程序性的記憶。也就是說，海馬迴皮質負責的是陳述性的外顯記憶，和程序性/情緒性的內隱記憶較無關。巴貝茲迴路涉及了海馬迴皮質，由此推論，巴貝茲迴路和陳述性的外顯記憶比較有關。至於情緒相關的內隱記憶，腦科學家則認為是由位於海馬迴皮質前方的杏仁核所主導。

刻在杏仁核與海馬迴皮質的記憶很不一樣，刻在杏仁核內隱的記憶很難被遺忘，彷彿記憶是刻在石頭上一樣，歷久不變。相形之下，刻在海馬迴皮質的外顯記憶就很容易忘記，就好像在畫紙上的水彩一樣，很容易褪色，甚至還會發生質變。

杏仁核除了負責記憶情緒相關的內隱記憶外，在外顯記憶的記憶過程中，也有相當的影響力。情緒會喚醒增加杏仁核的活性，杏仁核被激活後會透過上調位於顳葉內側的內嗅皮質與海馬迴皮質的活性。另外，情緒也會使HPA軸產生腎上腺素、皮質醇，進而影響海馬迴皮質的可塑性。總的來說，在某種程度的情緒範圍內，情緒可以透過不同的途徑增強我們外顯記憶的記憶強度。儘管海馬迴皮質與杏仁核分別負責外顯記憶與內隱記憶刻畫的功能，但它們之間的神經連結與相互合作也有其相當的重要性。當海馬迴皮質與杏仁核配合良好的時候，因為杏仁核有助於外顯記憶中的情緒部分被強化，這樣的效果會讓我們的外顯記憶能夠被記憶得比

較牢靠也比較久一些。外顯記憶與情緒記憶因上述的原因，彼此間的關聯性被強化了。因此，一旦我們處於某種情緒狀態，就有可能會自動回憶起之前在那種情緒狀態下的情節記憶。也就是說，當我們快樂的時候，我們會記住之前比較愉快的事件。當然，當我們憂鬱的時候，我們的大腦就容易勾起之前讓我們感到憂鬱的相關情節。

另外，大腦中的多巴胺，除了和動機與獎賞行為有關以外，還會作用於海馬迴皮質。在記憶的過程，會讓海馬迴皮質的記憶神經網路，建立更加牢靠且持久的迴路。這也說明了為什麼當我們對一件事情有渴望的時候，這件事的記憶就會特別深刻與強烈。

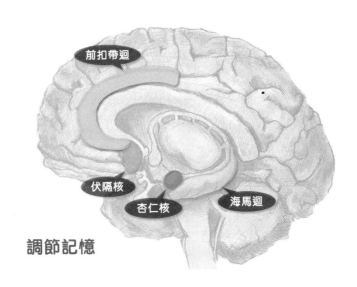

調節記憶

在大腦刻畫內隱記憶的能力，在我們還在媽媽的肚子裡時，就開始擁有並慢慢地發育。剛出生的新生兒，大腦刻畫內隱記憶的能力已經相當成熟。它會協助讓我們有能力去記住自己與周遭環境互動的經驗，並且從互動的經驗中體驗到相關的感受。內隱記憶記載著生活最基本的體驗，以圖像、互動模式、情緒感覺等非文字語言的方式，將相關的資訊儲存下來。早期生命經驗中的內隱記憶，對自我意識的發展極其重要。

至於三歲以前的記憶，我們為何總是記不太清楚？可能的答案和不同腦區大腦發育成熟速度不太一樣有關係。外顯記憶需要有海馬迴皮質的參與，然而海馬迴皮質相對於杏仁核，大約在三歲以後才會慢慢發展比較成熟。也就是說，出生後功能就大致完善的杏仁核，對1～2歲所發生的情緒、依附關係能有所記憶。但三歲以前，因為海馬迴皮質功能尚未發育完善，所以事件相關的情節通常就不容易被記得住。

回憶與創意

回憶的過程，是將我們之前發生經驗時所涉及被激活的神經細胞，重新恢復連結的過程。倘若我們回憶的過程，被再次激活的神經細胞與原本事件發生時所涉及神經細胞運作方式一模一樣時，我們就會再次體驗到原本事件所給予我們相同的經驗感受，這些回憶就會讓人感受既驚訝，又生動逼真。但，回憶的過程通常不會是那麼的完美，被重新激活恢

復連結的神經細胞常常僅以與原事件發生時類似的方式來運作，因此我們體會到的回憶經驗，就會有一種似曾相識，但又不是那麼十分精確的感受。

生活所經歷過的意識經驗，都會儲存在你腦中的某個部位。之所以會記不住，有一大部分的原因可能是出在尋找已經儲存於大腦記憶庫的過程中，在資訊眾多的資料庫中，要找到我們想要的資訊，是一件不太容易的事情。常常被提取出來的資訊，不是不完整，就是被扭曲。

如果問你，上個月一號的晚上，你的晚餐吃些什麼？我想很少人能夠回答出來，因為它被歸類為一般性晚餐的印象。我們對於日常行為的反應，都是大腦將感官所接受到的訊號，比對之前儲存的模式，然後將過去的記憶和現在的經驗混合在一起，做出回應。日常生活大部分的情況下，訊號的處理模式是不斷被重複有其固定性，而且這些記憶模板也都已經深植於大腦許久，基本上我們的大腦是不會注意到它們。這種日常慣性化的行為，會讓我們的大腦不太容易記得住相關的細節，比方說每天刷牙、穿衣、吃飯等日常瑣事。但是某一天的晚餐，你得知考上心目中的大學時，那一刻的情緒經驗，會讓你記住當天晚餐相關的場景，因為情緒給了記憶一個強烈的標記。當然，如果事件發生時，伴隨有嚴重的負面情緒，也會讓這個事件留駐在你的記憶中。從演化的角度來看，大腦會特別記住獨特且富含有強烈情緒的事件也不意外，因為記住那些獨特且富含有強烈情緒的事件，有助

於我們可以在多變的環境能夠得以生存下來。通常來說，負面情緒會比正面情緒令人難忘，因為負面的情緒大部分發生的情緒是和生存有相關。結論是，在回憶的過程，不開心的記憶似乎比幸福快樂的記憶來得容易被回憶起。

我們的想法可以透過相關語意或感知的聯想，讓我們可以經由部分相關聯的氣味、字詞、字義、形狀、顏色、情緒等觸發記憶，將之前相關的記憶帶向意識層面來，這就是所謂的記憶關聯性的提取。經過幾十萬年的演化，我們人類的大腦和其他動物的大腦有了許多不同的差別，其中最讓人注意到的差異，就是記憶關聯性的提取。

舉個例子來說，談到紅色，有一些人會記起口紅的經驗，然而，另外一些人可能會被誘發想到消防車的影像，或是讓人誘發想起割腕的經驗。這是因為當我們開始注意到某個字詞、或事物時，我們的大腦開啟了相關的生物化學反應，這個反應會自動化地沿著某種規則的神經傳遞路線向下傳遞下去，讓我們大腦記起這個字詞或事物相關的訊息。

記憶關聯性提取這樣演化的結果，讓我們的腦子能夠產生許多富有創意的發想，進而讓我們能變成萬物之靈，主宰了地球幾十萬年。雖然記憶關聯性提取的設計有其優點，讓我們的腦可以在肉弱強食的世界中，比其他動物的腦更有應變能力。然而，在現今的文明的世界中，自動化的記憶聯想在大部分的時間，在某種程度來說，反而有其缺點。因為過度自動化的聯想，很容易讓自己陷入不可自拔的反芻思考

記憶關聯性提取

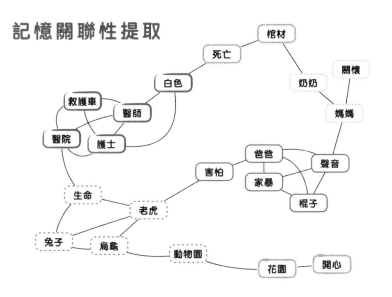

中，導致原本我們想檢索某一項特定記憶的過程，因而備受干擾。

　　當記憶被提取的時候，會讓原本的記憶蛋白處於一種不是很穩定的狀態，這時候如果有一些新的訊息和情緒狀態，都會編碼到這些記憶蛋白裡。當記憶蛋白又再次回復穩定時，原有的記憶已經和原本的記憶不一樣了。也就是說，在回憶的過程，我們或多或少都會再加入一些當下自己主觀的詮釋，或是回憶當下不同的情境經驗。每一次的回憶，並非僅僅只是重播之前的事件，更會因為我們自己主觀的解讀或情境經驗，導致記憶被改寫。這些暫時刻畫在海馬迴皮質的短期記憶，等到晚上睡眠的時候，會再次地透過夢的歷程，

又會被歸檔到長期記憶的儲存區。只是經過了這樣提取與歸檔的過程，原本的記憶已經不是原本的記憶，因為它已經又融入了其他自己賦予的經驗與感受，不正確或是其他額外的資訊也會加入其中，就好像事情原本就是這樣。

比如說，如果我們在不開心的時候，想起了之前經驗過的一段經驗，在我們提取這段往事的時候，會將不開心的情緒融入其中。當記憶重新歸檔到我們大腦的記憶庫時，這一段往事也會多帶著些許不開心的情緒被記錄下來。回憶時的情緒或環境經驗，會不知不覺地影響我們的記憶，等到我們之後再次地回憶這段事情的時候，就會與原來發生過的事件有所不同。倘若經過多次回憶的自己很不一樣的詮釋，這段事情就有可能被加油添醋到甚至與原來相去甚遠的故事情節了。

回憶，其實並沒有像你想像的那麼真實，相反的，有許多時候還常充滿了許多的扭曲。在不瞭解這些記憶的相關腦科學下，我們常常還會為了那些信以為真的回憶，與他人起了嚴重的衝突。殊不知你的回憶，其實並沒有像你像相中的那麼牢靠。也就是說，每一次的回憶，我們都在創造另外一種新的記憶。以腦神經科學的角度來看我們人類的回憶，可能要保守一點地來看待我們的回憶，因為回憶總是充滿了許多的扭曲及誤導。結論是，記憶是靠不住的，與人有爭執的時候，千萬要記住，我們與周遭他人的衝突的原因，很有可能出自於彼此回憶過程所出現的美麗誤會。

總的來說，外顯記憶的提取，是一種有意識的回憶；相反的，內隱記憶的提取，往往不需要有意識地參與其中。每一次回憶會產生什麼樣的經驗，和我們回憶時從舊記憶庫中提取出什麼樣的資訊，回憶當下自己身心狀況為何，以及自己是如何主觀的詮釋息息相關。

遺忘

　　好幾年前有一部片名為《神隱少女》的電影，當中有一句很經典台詞「曾經發生過的事情不可能忘記，只是想不起而已。」想不起來之前發生的事情，到底只是單純暫時想不起來，還是以前的記憶也會有淡忘的一天？

　　接下來要和大家談的是，與記憶相反的另一端「遺忘」。知名神經科學家梅策尼希（Merzenich）和他的同事提出了相對於赫布理論的另一個原則，他們認為當兩個神經細胞停止一起被激活，那麼它們之間的連結就會變得薄弱（neurons that fire apart, wire apart）（Merzenich et al., 1983）。如果記憶，指的是經驗發生時所建立之腦神經細胞當中的相互聯繫，那遺忘，就是這些腦神經細胞的相互聯繫相對變得不明顯。

　　對感覺緩衝區的記憶而言，遺忘就是經驗發生時所建立之腦神經細胞相互連結的強度減弱，直到低於記憶閾值以下，我們就會對這個經驗沒有記憶；對長期記憶而言，遺忘就是經驗發生時所建立之腦神經細胞相互連結，因為長時間

得不到再次的刺激，出現了退化萎縮，我們就會對這個長期
記憶模糊，甚至完全淡忘。

心理學界有一條曲線稱爲學習記憶遺忘曲線，這條曲線
是由心理學家赫爾曼·艾賓豪斯（Hermann Ebbinghaus）
所提，被用來描述學習記憶隨著時間被遺忘的比率。他認爲
人在一小時之內會將所學東西忘記一大半，之後遺忘的比率
會變得比較緩和，到了30天左右，大約80%以上的記憶內容
會被遺忘，只有少部分的記憶會比留下。

某些腦部功能的損傷或是腦部疾病，也會導致遺忘的情

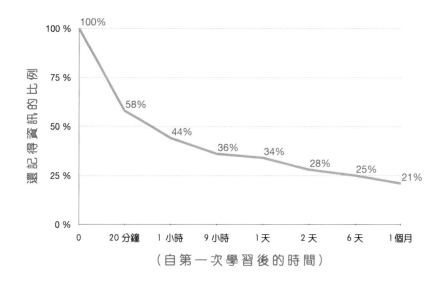

學習記憶遺忘曲線

況發生。腦部受傷所導致的遺忘，一般來說，可以分爲兩種類型：一類是順行性遺忘，另一類是逆行性遺忘。順行性遺忘指的是腦部受傷後，受傷的患者不能在其腦傷後形成新的記憶；逆行性遺忘剛好相反，指的是腦部受傷後，受傷的患者記不得其腦傷前所發生或經歷過的事情。

還有一種情況，也會造成遺忘的情形，那就是無法順利的提取記憶。有時候我們想要回想某一件事情的時候，在那當下再怎麼努力，卻想不起來。但過了一會兒，在某些情境下又能想起來。很明顯地，這個記憶並沒有不見或消退，它還一直存在我們的大腦中，只是我們無法順利地將之提取出來而已。當中可能的原因是，當初在記憶的過程中，沒有被妥善的編碼，導致在提取的時候變得比較困難一些。

在我們需要用到企圖從記憶庫裡提取它的時候，過度龐雜沒有分類的資料會阻礙我們提取的速度。日常生活中，讓大腦只記住我們想要的資訊，可以讓我們的大腦保持高效能的運作。因此，在大腦正在儲存資料時，記得時時提醒自己「這是我要的嗎？」就變得相當重要。

你一定有過這樣的經驗，電腦使用一段時間後，會覺得它運作起來有越來越慢的趨勢。其中之一的原因是，電腦的記憶庫了儲存了越來越多龐雜沒有分類的資訊，阻礙了線路的運作。保持高效能的腦運作，除了讓我們的大腦只記住重要的資訊外，學會將不必要／不重要的記憶忘懷，也可以避免大腦功能的僵化。

忘懷過程

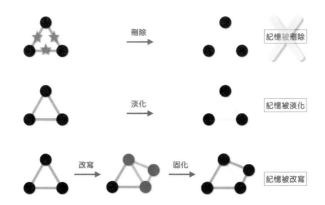

然而，我們的大腦可以像電腦一樣，只要按一個刪除鍵，就可以把不必要／不想要的資料給刪除嗎？答案是不行。以腦科學的角度來看，一旦固化爲長期記憶，會牽連到成千上萬神經細胞突觸的連結，想要將腦中惱人的記憶完全清出，幾乎是辦不到的事。

相較於將記憶刪除，比較可行的方式是降低惱人記憶出現頻率，使原本與惱人記憶相關連性的神經突觸連結得以淡化。或是在惱人記憶被喚起時對它進行心理治療的介入，讓過去的記憶在安全的環境下重新建立神經突觸的連結，讓記憶再固化，使原來惱人的記憶改寫成能被接納的記憶。在諮商心理學領域，用原諒（forgive）來描述忘懷（forget）的過程，或許會更貼切一些。

早期生命經驗

　　自從佛洛伊德提出早期生命經驗對一個人的影響後，心理學界陸續有不少的學者在探討早期的生命經驗，例如哈利‧哈洛（Harry Harlow）的恆河猴實驗、約翰‧鮑比（John Bowlby）的依附理論、瑪麗‧安斯沃思（Mary Ainsworth）四種的依附類型、唐納德‧溫尼考特（Donald Winnicott）的客體關係等。在探討早期生命經驗的過程中，有一些學者也融入了科學化的探討，部分的研究結果發現，早期生命經驗（特別是創傷經驗）除了心理層面有很大的影響外，也發現生理層面不同的器官，也會有不同程度的改變。

　　我們的大腦在出生的時候，大約只有300公克。隨著時間的增長，大腦才能慢慢裝備生存所需的神經迴路。在大腦發育的過程中，與他人的互動會影響大腦神經突觸的連結。特別是在人生的初始階段，如果有父母或養育者在身旁給予孩子適當的照顧及關懷，大腦就能發展得比較健全；反之，如果這段時間感受到過大的負面壓力，孩子敏感的大腦為了適應這些外來的壓力，就有可能會出現特殊的變形。比方說對外界感受力變弱，容易對周遭的人出現衝動、易怒及偏差行為，或是渴求刺激感進而變成物質濫用等不健全的大腦反應機制。

童年的某些不愉快記憶，比起你成年後的記憶，為何總是那麼地令人難以忘懷？想想看，當我們還小的時候，身體力量和心智能力相對比較不成熟。孩童的我們，面對周遭的環境事件時，很容易就會超過自己的能力負荷。人在外界環境的需求大於自己內在因應能力時，就容易啟動HPA軸，喚起情緒，以提升自己的身心狀態來抵禦外界的壓力事件。富含情緒的經驗，容易讓經驗記憶記得長久。再加上事件發生後，我們常常會不斷地回想起這個惱人的記憶，加強這些記憶的刺激，又再次地強化了記憶的連結。這就說明了為何我們早期生命的經驗，會那麼地讓人難以忘懷，而且影響我們那麼地深遠。

　　海馬迴皮質是產生新記憶的關鍵，由於海馬迴皮質上面有大量的皮質醇接受器，對於壓力和通過HAP軸所產生的皮質醇有顯著的敏感性。因此當嬰幼兒時期的孩子感受到壓力，HPA軸產生的皮質醇就很容易會對海馬迴皮質造成神經毒素。因為海馬迴皮質還會對HPA軸進行負回饋機制，會讓HPA軸能減少皮質醇的分泌。所以當海馬迴皮質受到壓力，神經毒素會造成海馬迴皮質受損。海馬迴皮質受損，對於HPA軸的負回饋機制也會減少。因為這兩種效應的影響，導致因幼兒時期的孩子對於壓力的敏感度，會比我們想像的還來得大上許多。因此，在這個階段的孩子，忽視與虐待等負面生命經驗，都會對海馬迴皮質產生深遠的影響。

　　前幾年有一個社會新聞，一位外科醫師在他的臉書分享

負面童年經驗 (ACEs)

身心虐待	疏於照顧	失功能家庭	
(情感)	(情感關懷)	(母親遭受暴力)	(家人藥物濫用)
(身體)	(生理照料)	(家人心理疾病)	(家人入獄)
(性侵害)		(父母離異)	

了一個案例。一位昏迷的3歲孩童被送到急診室的時候，經檢查發現孩子的身上有許多青紫黃的瘀痕。電腦斷層掃描後的結果發現，孩子的腦萎縮成像80歲老人的腦一樣。這意涵著被虐待或忽略孩童的腦，他們的腦體積通常會比正常的孩子來得小，甚至會有萎縮的現象。也因為大腦萎縮退化，在長大後，比起一般人，他們可能會有比較多的物質濫用或是精神疾患的發生。

　　有一個和早期生命經驗心理創傷有關的知名研究，你一定要知道。這個研究叫做負面童年經驗（adverse childhood experiences, ACEs），是由文森・費利帝和他的同事一起發表的研究（Felitti et al., 1998），內容主要在探討童年負面經驗和成人死因的關聯性。研究中所謂的負面童年經驗，

包括有肢體虐待、情感虐待、性侵害、疏於生理的照料、疏
於情感的關懷、家人罹患心理疾病、家人入獄、母親遭受暴
力、家人物質濫用以及父母離異，共十種負面的童年經驗。

　　關於負面童年經驗的研究，是一份超過17000名成年受
試者的研究。結果發現，受試者當中每3人就會有2人經歷過1
種負面的童年經驗，每8個人就會有1人至少經歷過4種負面的
童年經驗。一個人經歷越多上述負面的童年經驗，他們長大
後生理和心理就會有越高的比例出現問題。

　　負責上述研究的主要人物是費利帝醫師，他是一位治療
肥胖症的專家。關於這個負面童年經驗的研究發想，其實一開
始是起因於費利帝醫師有一次不經意的訪談。在費利帝醫師
與一位女性病患的訪談中，他問了這位女性患者「你第一次
性行為的時候，當時有多重？」當時這位女性病患回答「40
磅（大約是18公斤）」，接下來她哭著說「4歲……，跟爸
爸……。」這一段的對話，讓費利帝醫師瞭解到這位女性病患
在她小時候曾經遭受到家人的性侵。於是，費利帝醫師開始知
覺到，在他診治肥胖症的病人中，似乎吃不一定是問題的源
頭，兒時的創傷扮演了相當程度的角色。看似健康問題的暴飲
暴食，反而是他們面對痛苦的解決之道。

　　回到正題，負面童年經驗改變了我們大腦和身體哪些地
方呢？比方說過度的壓力會導致海馬迴皮質體積減小，導致
當助人工作者運用心理處遇介入，特別是在整合其過去傷痛
經驗轉化成意識的知覺時，會變得有一些困難；大腦中和多

巴胺有關的腹側被蓋區會受到影響，導致飽受壓力的孩子變得對於高油、高糖的食物會有更多的渴求，使得他們體重容易有過重的現象；腦中杏仁核會過度活化，前額葉皮質功能會受到抑制，以至於孩子容易過度警覺，出現類似注意力不足過動症相關的症狀，有部分的孩子會因此被過度診斷為注意力不足過動症；早期壓力會使杏仁核中GABA接受器結構發生改變。GABA是腦中主要具有抑制訊號的神經傳導物質，GABA接受器受到影響，就會讓GABA的作用下降，導致杏仁核過度興奮；眶額葉皮質會受到影響，導致無法適當地調節杏仁核，進而導致孩子出現情緒失調、無法自控的暴力行為；胼胝體會因為童年創傷而縮小，導致左右腦功能的協調會出了問題，容易導致情緒有兩極化的波動；DNA上的端粒酶會受到負面童年經驗所影響而變短。端粒酶是染色體末端的DNA重複序號，它的功能和細胞分裂有關係，隨著細胞分裂的次數越多，端粒酶的長度就會減短，當端粒酶的長度減短到一定的程度，細胞就會老化走向死亡。

　　曾經遭受過多負面童年經驗事件的人，腦中紋狀體功能相對比較不那麼健全，導致他們不容易感覺到快樂的感受。在這種狀態下，這些人就需要追求比較強烈的刺激，才能讓自己有愉悅的感覺。不意外地，追求強烈刺激最快的捷徑就是酒精及非法藥物的使用。這也和研究的發現相一致，曾經遭受過負面童年經驗事件的孩子，通常在比較早的時間，就會有酒精或非法物質的使用經驗。另外，曾經遭受過度體罰

的孩子，他的大腦皮質中負責疼痛的感覺皮質會變得比較薄一些。被過度體罰孩子的大腦會有這樣的改變，可能是協助孩子在面對體罰時，比較不會出現有疼痛感覺的自我調適機制。就我自己的臨床實務工作經驗來說，也常看到遭受過度體罰的孩子，相對於健康的孩子，他們對疼痛的感覺的確比較遲鈍一些。除了神經的影響之外，體內的發炎指標也會比一般人來得高。

假如早期生命都是滿滿的創傷經驗，對長大成人後的我們來說，可能只會體驗到過去的經驗一次又一次的發生，沒有現在與未來的經驗可言。因為負面童年經驗的壓力反應，會改變我們的大腦和身體。如果沒有經過適當的心理排毒，這些負面的經驗會讓長大成人的我們，持續用被改變過的神經迴路在運作。卽便負面事件在長大成人後沒有持續再發生，過度敏感的情緒腦，特別是失調的杏仁核，仍然還是會將周遭環境的許多事物視為危險，導致身體常常處於壓力狀態，結果我們的身心就會出了許多狀況。

雖然在關鍵發育期的大腦很容易受到壓力而受傷，但其成長彈性度相對也來得比較高，所以只要有耐心及提早接受適當的治療，這些受傷孩子的大腦還是有被修復的可能。

社會腦

你是否有想過，為什麼我們總是臉書、Line滑不停？為

什麼我們那麼渴望與他人互動？為什麼孤單的時候，會讓我們感到痛苦？又為什麼我們那麼需要獲得他人的情感支持？為什麼我們那麼渴望被認同？這一切都和大腦的設計有關。

　　人是社會的動物，我們的大腦經過演化的淬煉，天生就是被設計出來處理複雜的人際互動，因而我們的腦，特別被稱為是社會腦。為何我們的大腦那麼在意人我之間的社會脈絡？這個問題的答案，或許可以從人類的演化史中，獲得部分的答案。

人類的演化

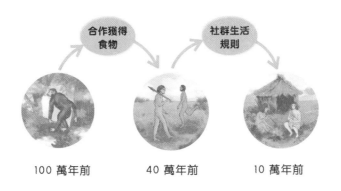

為什麼魚出生不久就會游泳，長頸鹿出生不到一個小時就可以站立，而身為萬物之靈的人類，在一出生的時候，什麼都不會？而且還有好長一段時間，還需要他人完全的照顧才得以勉強生存下來。這樣的現象，感覺人類在物種演化物競天擇的過程中，好像不利於生存才對。殊不知人類在演化

的過程中，之所以會成為萬物之靈，能夠主宰這個世界，其中有一個原因是，人可以站立，雙足行走。因為人可以站立起來，雙手就可以騰出來做很多事情，有助於在物種的演化過程，取得優勢。

社交行為是需要耗費大量的腦力，為了妥善與他人互動，我們的大腦需要儲備相關大量的訊息，比方說他的容貌、說話的音調、家住哪裡、學歷為何等等。在過去演化的歷史洪流中，如果需要比較多社交活動的物種，大腦就會演化變得相對比較大。我們的大腦也為了因應越來越多人類文明的社交活動，相對於其他動物，大腦的體積有了很大幅度的增加。大腦體積變大，也意味著容納大腦的頭顱也跟著變大。

這下子問題來了，雙腳站立是演化的優勢，頭顱變大也是為了因應演進而有的改變。當人類演化成為可以站立行走之後，我們骨盆腔的形狀就需要跟著有所改變，變得比較狹窄，助於我們的站立。然而，頭顱變大，狹窄的骨盆反而不

利於胎兒的生產過程。爲了兼顧雙腳站立，以及頭顱的變大的演化需要，於是乎，人類又演化成在胎兒頭顱還沒有完全發育成熟的時候，就提早將胎兒生出。也就是說，爲了讓人類能成爲社會性的動物，人演化出更大比例的大腦。更大的大腦，在生產的過程中，就需要提早出生。然而，過早來到這個世界的嬰兒，導致他必須絕對地依賴他人，並且需要他人照顧他好長一段時間。

　　絕對依賴他人才能生存下來，也讓嬰兒除了有生理需求外，也強烈需要有社會需求。演化的結果，讓我們的大腦被植入了渴求社會連結相關的記憶刻痕。一旦失去社會連結就會讓人感受到無比的痛苦，反之，有了社會連結就會讓人有幸福的感受。

　　嬰兒出生時，腦部還沒有發育完全這件事情，除了可以讓他還保有可以站立的優勢外，另外還有一個好處。比起其他動物在出生不久後，牠的腦袋瓜的線路就已經配置完全，許多的能力也因線路裝置妥善，而早早具備獨立生活的能力。雖然嬰兒在出生後，大約需要花一年的時間才會站立走路，需要花兩年的時間才稍微能表達自己的意思，需要至少再花上十多年以上的時間才能擁有獨力照顧自己的能力，然而，也因爲大腦線路的配置還沒有組裝完全，所以很容易會到後天環境的影響而有產生不同神經迴路的連結，這也造就了人的多樣性，以及給予人類在環境變遷時，能擁有更多的創造力與適應力。

大腦這個器官，經演化的歷程後，被設計成一輩子都在追求重要性以及歸屬感的社會腦。少了與他人的連結，生命還有意義嗎？皮克斯電影《可可夜總會》中，以墨西哥亡靈節為主題，探討了人與人連結的議題。這個議題也呼應了大衛‧伊格曼在《生命的清單》裡所提到，人的一生要死去三次。第一次，當心臟停止，呼吸消失，在生物學上，你被宣告已經死亡；第二次，在葬禮過程，你被埋葬或火化的那一刻，代表你的肉體與他人間的連結不復存在，社會學上被宣告了死亡；第三次，是這個世界上最後一個記得你的人把你忘記，於是，你就真正地死去，整個宇宙都將不再和你有關。

　　歸屬感的追求，讓我們渴望與人有所連結，不管是孩童的你、成年的你，抑或是老年的你，都渴求與周遭的他人能夠形成穩定的依附關係，甚至死了以後，或許我們的靈魂都還渴望著與他人有一段連結。人，不管在生或死，都需要被放在社會脈絡下被看待才會有意義。社會對一個人的影響，可見一斑。

　　有一個投擲球的實驗，研究結果提供了「為什麼我們害怕被排擠？」這個問題部分的答案（Williams & Jarvis, 2006）。這個研究的實驗設計是，原本是3個人的傳接球，突然間球不傳給受測者。研究結果發現，只是單純3人間丟球與接球動作的改變，沒有接到球的受測者，他的大腦就出現了不同的變化。研究內容指出，大腦中的前扣帶迴皮質和人際

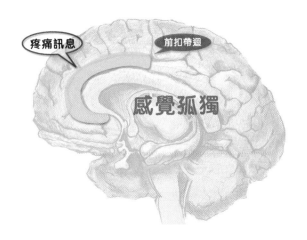

互動的知覺評價有很大的相關。前扣帶迴皮質被激活的情況越是明顯，就會讓人對於社交互動感受到心理的痛苦。大腦負責知覺人際間互通間苦楚的腦區和感受身體疼痛的腦區，有部分是重疊的。心理的痛，會讓人更痛，這就解釋了我們在人群中為什麼那麼害怕被孤立與排擠。

　　除了前扣帶迴皮質外，大腦中的背側縫核以及腹側被蓋區，對我們渴求歸屬感，也可能扮演相當的角色。有研究發現，當我們與人有連結的時候，大腦中腹側被蓋區到伏隔核的神經活動會比較活躍，讓我們樂於與人有所互動。然而，當失去社交，感受到孤獨感時，大腦的哪一個腦區又會有什麼變化呢？腦神經科學家透過老鼠的研究發現，當孤獨一段時間後，大腦背側縫核會對社交活動變得比較敏感（Matthews et al., 2016）。背側縫核的神經細胞被激活時，會讓老鼠產生類似「孤獨感發作」的行為模式，迫使老

鼠會變得異常想追求社交活動。綜合相關的研究，或許我們可以說，腹側被蓋區到伏隔核在我們社交行為的動力上，扮演了白臉的獎勵角色，而背側縫核則是扮演黑臉的功能，讓我們能夠擁有迴避孤獨不舒服的動力。

　　人們在隔離一段時間後感到孤獨渴望社交的腦功能變化，和人們感到飢餓時腦區被激活的情況相類似（Tomova et al., 2020）。這樣的研究發現，推估被迫與人隔絕的人們渴望與人接觸，與飢餓的人渴望食物有著相類似的社會活動意涵。也就是說，孤獨感會讓人不舒服，可以促使我們得做一點事情，這樣的感覺很像飢餓感讓人去找尋食物的感覺很像。說明了人類對社交關係的渴求，和對食物的渴求，是來自相似的腦區。

　　既然我們的大腦是社會腦，那麼自我概念的發展，就脫離不了自己與周遭他人間互動的關係。我們心中怎麼看自己，有很大一部分會建構在他人怎麼看我們自己。所謂的自我，除了自己和自己的關係以外，更多是自己想像他人眼中怎麼看自己。也因此，想要搞懂自我概念的建構，除了需要瞭解內側前額葉皮質外，還需要瞭解和心智理論有關的腦區。

　　在心理學界，有一個叫做心智理論的專有名詞。所謂心智理論，指的是人理解自己並推論自己與他人的心理狀態，然後在這樣的理解能力下，才能在社群下展現出適當的表現。心智理論這個能力，通常被認為是人類所特有的。但除

了人類以外，有一些靈長類的動物，例如黑猩猩、大象、海豚等動物，也被認為有可能具有初步的心智理論能力。

一般來說，孩子約在一歲左右開始發展心智理論的能力，大約在四歲左右，能夠慢慢掌控這樣的能力，然後持續發展到成年。負責心智理論的腦區包括有：顳頂交界區、顳葉、內側前額葉、前扣帶迴以及腦島等。「我知道，我知道你的知道，我知道你知道我的知道。」這句話，很傳神地說明了人我之間。我知道，指的是我們對五官感覺的知覺，會牽扯到的腦區包括有腦島、前扣帶迴皮質等腦區；我知道你的知道，指的是情感與認知的同理，牽扯到的腦區可能會有腦島、腹內側前額葉皮質等；我知道你知道我的知道，牽扯到的腦區可能會有顳頂交界區等。

從神經心理學的角度來說，鏡像神經細胞提供了我們同理可能的解釋。鏡像神經細胞普遍存在於前額葉、頂葉、顳上溝、腦島以及扣帶迴皮質的各個腦區。這些富含鏡像神經細胞的腦區，大都與社會腦的神經迴路有關係。在鏡像神經元中，催產激素的神經傳導物質特別的多，這9個氨基酸所組成的催產激素，會讓人對他人產生出同理的感受。

許多關於鏡像神經細胞的研究發現，說明了鏡像神經細胞可以讓我們藉由觀察他人的動作、表情時，在腦中重現相同的動作，就好像是我們自己做的一樣。舉個例子來說，當看到有人因心情不佳坐在大樓頂端的時候，當他將腳跨上大樓的外牆時，我們心中也會很擔心他的安危，心理很自然地

會開始翻騰，還會為他捏一把冷汗，這是一種感同身受的感覺。這些好像我們自己也正在做同樣動作的資訊，在中繼站「腦島」辨識後，再轉送到邊緣系統。藉由邊緣系統還原被我們觀察到的人他的情緒。上述的這條神經迴路，給了我們解釋人類情感同理的基礎。

如果說鏡像神經元可以讓我們辨識出他人在「做什麼」，那麼心智化系統則可以讓我們能貼切地詮釋他人「為什麼這麼做」，讓我們理解他人行為背後那些看不到的意圖、動機與想法。這些能力，正是讓我們人類與其他動物很不同的地方。

處理社交行為是需要耗費大量的腦力，那下一個問題是，大約1.45公斤左右的大腦，能有效地協助我們處理多大社群的人際互動？話說靈長類動物腦的大小和他們能夠組成的社群規模大小有密切的關聯性。一般來說，社群規模越大的話，腦的尺寸就會越大。英國學者羅賓‧鄧巴認為我們人類維持密切人際關係的人數，是由大腦皮質的大小所決定。大腦皮質處理能力，決定了一個人能夠維持緊密人際關係的人數上限，這個數字就被稱為鄧巴係數。

鄧巴係數並沒有一個很明確的數值，通常人們認為是150。這個數子也反映了以前村落大約就是150人以內，軍隊也大約是以150人為一個單位，社會學報告中的聚落人數約都在150人左右。再多的人與人互動，我們的大腦就沒有辦法負荷得來。在社交軟體上（例如臉書、Line）被歸類為朋友的

數目，似乎遠大於這個數目。或許鄧巴係數也可以提供我們反思一下，大於150以上的朋友中，你能說得出名字以及辨識出他相關特質的人，究竟有多少？

壓力反應

當我們在壓力的情況下，情緒容易緊繃、思考也容易往負面想。為什麼人會有這樣的壓力反應機制呢？這可以從動物的漫長的演化史講起……

人類在大自然惡劣的環境下生存下來並且脫穎而出，你我的腦，自然有了很鮮明的神經迴路機制。這個神經迴路就是當我們面對外在環境的壓力時，我們就會提高警覺以及將問題做最壞的負面解讀。達爾文演化理論告訴我們「物競天擇，適者生存」，那些沒有提高警覺以及低估外界危險性的腦筋大條的物種，早早就在地球上消失了。不意外的，主宰世界萬物的我們，腦神經早就被深深地烙下面對壓力時容易情緒容易緊繃、思考老往負面想的神經迴路。

過度的提高警覺、極端的負面思考，對生存，的確有很大的助益，但，對早就遠離肉弱強食的現代生活，反而有著很大的傷害。現在的生活，我們不太可能會被野獸攻擊而致死，這時，過度的提高警覺、極端的負面思考反而會讓我們喪失了問題解決的能力，讓生活有可能因此陷入更大的危機。

想要理解我們大腦是如何解讀壓力？你就需要懂得HPA軸的壓力反應機制，以及多層次迷走神經理論。

HPA軸

和壓力情緒反應的傳導途徑息息相關的器官，包括有下視丘（hypothalamus）、腦下垂體（pituitary gland）以及腎上腺（adrenal gland）。這個壓力迴路的軸線，被稱為是HPA軸（下視丘—腦下垂體—腎上腺）。當中下視丘的功能，主要是負責自律神經的控制、內分泌的控制、製造與分泌催產激素、調節體溫、整合情緒、以及晝夜節律的控制等功能。

HPA軸的壓力反應途徑是如何進行的呢？大腦皮質藉由不同感覺受器接受到壓力訊息後，便開啟了身體的壓力反應傳導途徑。首先，大腦皮質將訊號傳遞給負責對於外界危險判斷的偵測器，杏仁核。假如杏仁核將接受到的訊息解讀為有危及生命，訊號就會從杏仁核投射連結至下視丘，接著就會釋放出促腎上腺皮質素釋放激素（corticotropin-releasing hormone, CRH）。促腎上腺皮質素釋放激素促使腦下垂體分泌促腎上腺皮質素（adrenocorticotropic hormone, ACTH）的釋放。促腎上腺皮質素會作用在腎上腺，進而使腎上腺分泌壓力荷爾蒙皮質醇以及腎上腺素。壓力荷爾蒙皮質醇以及腎上腺素會作用在我們身體的肌肉、肝臟、心臟、以及肺臟等器官，讓我們的血糖增加、心跳加

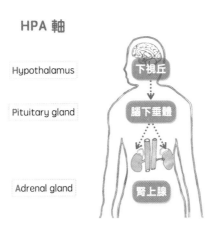

HPA 軸

Hypothalamus　　下視丘

Pituitary gland　　腦下垂體

Adrenal gland　　腎上腺

快、肌肉緊繃、呼吸變快,好讓身體能夠準備好「戰或逃」的壓力反應。

　　當中的皮質醇還回返回到大腦,並且激活了大腦中的藍斑核。被激活的藍斑核,會釋放出正腎上腺素。這個正腎上腺素會再次地刺激杏仁核,讓杏仁核產生更多的促腎上腺皮質素釋放激素。接下來,你大概就會知道,新產生的促腎上腺皮質素釋放激素又會刺激腦幹,激活了交感神經系統,刺激腎上腺分泌腎上腺素以及皮質醇,導致了壓力惡性循環,讓人一直處於壓力緊張的狀態。

　　在惡性的壓力循環下,就會產生危害身體的副作用。比方說長期壓力下,過多的皮質醇會傷害海馬迴皮質的神經細胞,因而減弱學習與記憶的能力。另外,皮質醇也會減少蛋白質的合成,提高血液中的血糖及脂肪酸,導致身體脂肪的重新分布,容易造成中央性的身體肥胖。過多的腎上腺素,

會引起心臟病或中風。

　　壓力除了連結杏仁核以外，也會對於多巴胺的神經傳導路徑有所影響。短暫的壓力，會使皮質醇分泌，因而促進了腹測被蓋區到伏隔核這條快速路徑釋放了多巴胺。因為有比較多的多巴胺分泌，會讓我們的大腦誤以為這就是幸福愉悅的感覺。這也解釋了，為什麼有一些人會愛上有壓力的氛圍，和一般人所說的愛上刺激的感覺，有異曲同工之妙，這當中的原因，都是因為壓力導致多巴胺暫時增加有關係。不過，多巴胺的分泌會隨著壓力的持續存在而受到的抑制，之前幸福愉悅的感覺也會因為多巴胺的減少而逐漸消退。

多層次迷走神經理論

　　一旦周遭的環境起了變化，我們的大腦會感受不到安全感，體內的自律神經就在沒有經過太多意識的考量，下意識地就透過不同的生理表現來回應周遭的壓力感知。這樣的現象，史蒂芬・伯格斯（Stephen Porges）與他的研究夥伴，以達爾文演化論為基礎，再加上自己多年科學研究的佐證，在1994年提出了「多層迷走神經理論（Polyvagal theory）」。

　　自律神經支配了全身的器官，當中包含有交感神經與副交感神經兩大類。如果再將副交感神經再細分的話，副交感神經又可以區分為兩大類：一類是起源於背側運動核（dorsal motor nucleus）的背側迷走神經叢（dorsal vagal complex）。它沒有髓鞘的包覆，大部分的脊椎動物都有擁有這一類的神經，主要的功能是掌控橫隔膜下的相關內臟器官。在演化的歷史上，發展相對比較古老。在面對極大的生存威脅時，動物會凍結自己生理機能，以保留他們存活的相關資源；另一類是起源於疑核（nucleus ambiguus）的腹側迷走神經叢（ventral vagal complex），它有髓鞘的包覆，主要負責調節動物的頭部、臉部的肌肉的運作，以及心跳與呼吸的機能，讓人產生放鬆與社會聯繫的人際互動行為。

我們的大腦和身體，每天都在接受與解讀來自環境的各種訊息，然後做出反應。多層次迷走神經理論認為，個體會依據周遭環境安全與危險不同程度的覺知（稱之為「神經覺neuroception」），啟動不同層次的自律神經系統作為相對應的反應。不同程度安全感的覺知，決定了個體本能會運用哪一個生理狀態來回應。依據「多層次迷走神經理論」，會分為三種狀態來回應：第一層次啟動無髓鞘背側古老的迷走神經；第二層次啟動交感神經；第三層次啟動有髓鞘腹側現代的迷走神經。

多層迷走神經理論如何運用於我們的日常生活呢？一般來說，我們會依據自己對外界環境的感知，依據「是否有安全感？」以及「是否有生命危險？」來區分個體該使用哪一種層級的自律神經作為因應。神經覺會讓我們的大腦及身體下意識地偵測周遭環境安全的程度，快速地將這些來自外界

衆多的訊號做統整，並在你理智還沒有知覺的情況下對危險做出了回應。

　　當我們感覺到周遭的環境是安全的，這時啟動的是第三層次有髓鞘的腹側迷走神經叢，協助我們調節眼睛、臉部、咽喉、頸部等肌肉，產生與他人有社會聯繫的人際互動策略，讓我們感覺到平靜，獲得到撫慰；反之，如果我們感覺到周遭的環境有危險、或是與社會的連結受到威脅，這時啟動的是第二層次的交感神經。透過交感神經系統調節腎上腺素，我們身體會動員起來，產生「攻擊或逃跑」主動的行為因應，發揮對抗外接威脅的力量；一旦威脅的程度等級更

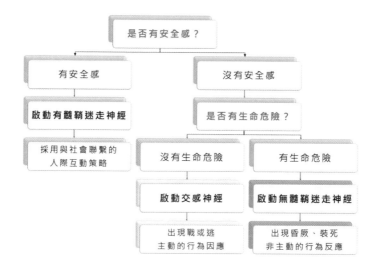

多層迷走神經理論

加提升，讓我們感覺到有生命危險，而且壓力大到我們壓根兒一點都無力去阻擋危險、也無處可逃的時候，就會啟動第一層次無髓鞘的背側迷走神經叢。因為不管表現出「攻擊或逃跑」的反應都無濟於事，我們在行為表現上反而會出現呆僵、崩潰、昏厥、裝死等停止反應的被動行為表現，以便保留既有的身體資源與能量。這樣的行為表現，和許多低等動物在遇到生命危險時所出現的裝死行為相類似。無髓鞘的背側迷走神經叢一旦被啟動，就會讓人感覺到無助、無望。

比起一般只談論交感、副交感神經系統，這個理論多了一個無髓鞘的背側迷走神經叢系統的行為反應。不管是哪一種層次的自律神經反應，通常在我們意識層面還沒有充分覺知的時候就已經啟動，下意識地支配人的行為表現。說到這裡，你可能也會發現，嚴格來說，多層迷走神經理論應該被稱為多層自律神經理論會是比較合宜一些，因為這個理論不只和迷走神經有關，也牽扯到交感神經的相關反應。

許多心理學家不約而同地都提到安全感需求的重要性，比方馬斯洛需求理論的安全需求、依附理論中安全依附的重要性、以及現實治療的五大需求中的生存感需求等。心理深層的不安與傷痛希望被瞭解，尤其渴望被周遭重要他人所理解。基本生存安全感的需求如果被滿足了，不安的身體狀態才有機會被冷靜下來，心靈才得以獲得瞭解、釋放與成長。從多層次迷走神經理論來看，也給了上述不同心理學家的理論，有了腦神經科學論述的基礎。

精神症狀與腦科學

焦慮／憂鬱

先和大家談談焦慮時，我們大腦會有什麼樣的不一樣。和焦慮有關的腦區，除了我們熟悉的杏仁核外，還牽涉到眶前額葉皮質、前扣帶迴皮質等其他腦區。眶前額葉皮質讓我們可以對行為結果以及預測結果做判斷，協助我們思考我們的想法，並決定如何在未來情境下採取相對應的行動。這項為未來事件做好準備的功能，是我們人類和其他動物很不一樣的地方。然而，這項能力使用過頭，會讓我們的大腦過度考量不同潛在可能會發生的結果，就會出現人類焦慮、擔心的心理活動。

前扣帶迴皮質也和焦慮的產生有關，它是杏仁核及額葉皮質之間的橋樑，幫助大腦處理情緒相關的反應。前扣帶迴皮質如果運作正常的話，它會使額葉皮質與杏仁核之間訊息的轉換比較順利，讓我們從一個念頭平順地轉移到另一個念頭。一旦前扣帶迴皮質出了問題，就很容易會讓人卡在某個想法上而無法自拔，形成我們所說的擔憂迴路，強迫症的患者就是一個鮮明的例子。

接下來，和大家談談憂鬱時的大腦又有何不同。一般來說，憂鬱的情緒會導致邊緣系統的活化，降低前額葉皮質的

活化程度，因此也連帶地降低我們對外在環境的監控能力。在神經心理學領域裡，注意力偏誤（attentional bias）、過度負向自傳式記憶（autographic memory）以及問題解決能力缺乏，最常和憂鬱症狀一起被提及。

所謂注意力偏誤，指的是過度將注意力聚焦在某一個範圍。當憂鬱的時候，我們很容易將注意力聚焦在某一個特定的情境或事件（通常是負向線索），同時過度勾引出負向自傳式的記憶。自傳式的記憶和內側前額葉皮質有關，過多負向自傳式記憶被注意力提取至意識層面時，我們的負面情緒就會明顯增加。在此同時，也會導致肩負工作記憶、計畫、抽象思考等執行功能背外側前額葉功能下降，使得我們問題解決的能力受到影響。注意力偏誤會讓我們錯誤地聚焦在負向的線索，過度負向自傳式記憶的提及讓我們產生負面情緒，再加上缺乏合宜的問題解決能力。上述大腦功能的失調，嚴重的話，就會讓我們罹患憂鬱症。

憂鬱症的患者，大都是源自於內側前額葉皮質過度活化，以及伴隨背外側前額葉皮質功能下降。大腦內側前額葉皮質過於活化，容易導致我們放大負面悲觀的感受，而外側前額葉皮質功能減弱，問題解決能力就會下降。負面思考被放大，以及解決事情能力下降，就容易讓人現在困境中，出現憂鬱的相關症狀。比起一般人的大腦，憂鬱症病人的腦造影通常會顯示背外側前額葉皮質活性比較低，而在腹內側前額葉皮質與杏仁核的活性則來得比較高。關於憂鬱症患者在

額葉皮質功能的影響，左右腦會有不一樣的呈現。一般來說，憂鬱患者的左側大腦的背外側前額葉皮質活化的程度較低，而右側大腦的背外側前額葉皮質活化的程度較高。

憂鬱症患者前扣帶迴皮質的功能，也會受到影響。前扣帶迴皮質在大腦的功能，主要是負責協助人們解決模凌兩可、訊息有衝突的情境，也是負責目標監控。對憂鬱症患者來說，前扣帶迴皮質很難被激活。前扣帶迴皮質功能失調的結果，會導致我們對外在環境的監控能力下降。下次當你看到憂鬱症患者，在兩難的情況難以做出決定，也就不會感到意外了。

研究也發現顯示，當外側韁核被激活的時候，就會抑制血清素的分泌。血清素不足，會導致個體出現憂鬱的相關症狀。憂鬱也會讓染色體上的端粒酶變得比較短，意味著憂鬱症的患者，會比較容易呈現衰老的現象。

長期罹患憂鬱症的患者，大腦某部分的腦區會呈現萎縮、伴隨神經細胞死亡，以及神經突觸的減少，這和腦中的腦源性神經營養因子、血清素因壓力或體質之故下降，以及壓力荷爾蒙皮質醇上升有關。罹患憂鬱症的患者，經抗憂鬱劑治療後，他大腦的腦源性神經營養因子、血清素、及壓力荷爾蒙皮質醇的功能會跟著恢復，憂鬱的情緒也會因此有所改善。研究也發現憂鬱的患者，經治療過後症狀緩解的病人，他們前扣帶迴皮質功能失調的情況，環境監控與兩難處理的能力也會有所改善。

憂鬱除了和長期壓力有關以外，研究也發現經常感受孤獨的人也很容易罹患憂鬱症。人是社會的動物，我們的大腦特別被稱爲是社會腦，在其出生的時候就被預設爲渴望與社會連結，因爲失去與群體的連結，就無法獨自面對大自然的野獸而生存下來。孤獨的人會有一種失去歸屬感的感受，好像自己不隸屬於這個世界上任何的團體。大腦一旦感知到自己脫離了群體，就會向身體發出各種的訊息，讓我們知道危險將至。比方說，孤獨感不只讓人心痛，也會讓人實質感受到生理的疼痛，以便提醒我們需要改變孤獨的狀態；孤獨感的人，睡覺的時候容易睡到一半就驚醒，因爲大腦知道自己只有一個人，所以故意讓我們無法進入深度的睡眠，以便我們可以隨時保持警戒的狀態，避免被其他野獸給吞食。從腦科學的角度來說，有些憂鬱症的相關症狀，其實是警示自己已經失去了與社會的連結。找回與社會的連結，也是治療憂鬱症的方法之一。

　　談到焦慮與憂鬱，就不得不提到創傷的影響。創傷會使前扣帶迴皮質前側的活性減少，導致受創者的前扣帶迴皮質沒有辦法合宜平順地將注意力做移轉。相對於前扣帶迴皮質前側活性減少，創傷會是前扣帶迴皮質背側（頂端）的活性增加，導致受創者的害怕經驗反應增加。另外，創傷也會使男性受創者的腦島活性增加，使他很容易過度喚起和創傷有關的相關身體感受。相對於有創傷經驗的男性身體知覺呈現過度反應，創傷對於女性的影響，有部分女性的腦島活性反

而是因為創傷而下降，導致受創的女性對身體狀態的知覺反應減弱，進而出現情緒麻木和解離的經驗。

創傷與負面情緒會強化杏仁核上情緒記憶刻痕的形成、鞏固，而痛苦情緒記憶的出現又會讓杏仁核變得比較敏感，更容易被激活及提取創傷事件及負面情緒的相關神經記憶迴路，讓暴衝或退縮變得更常出現。這樣的惡性循環很容易讓人陷入憂鬱、焦慮、恐慌等精神病症狀的狀態而無法自拔。

在我的臨床工作中，一個人會罹患憂鬱症，也不全然是受到外在環境的影響，遺傳基因在憂鬱症的形成，也扮演相當的角色。腦科學家發現，大腦中的血清素轉運體基因（serotonin transporter gene）也參與了一個人是否容易受到壓力影響而出現憂鬱的相關症狀。血清素轉運體基因有兩種不同的基因表現型，一種較短，一種較長。每個人身上都有兩套血清素轉運體基因，分別來自爸爸和媽媽，有可能兩套都是短的、兩套都是長的、或是一套長一套短。如果兩套都遺傳到較短的基因，那麼這個人就容易被生活壓力所擊倒，容易罹患憂鬱的情緒。反之，如果兩套都遺傳到較長的基因，那麼這個人就擁有比較好的抗壓能力，生活就會比較陽光。這些遺傳的神經心理資訊，可以提供臨床工作者在評估個案的時候，瞭解到家族病史也可以輔助我們對個案的瞭解。

綜合上述早期生命經驗及遺傳的相關資訊，假使孩子在童年時，經驗過多的負面的童年經驗，如果再加上遺傳到來

自爸媽都是短的血清素轉運體基因，那麼幾乎可以預測這個孩子在成年後，八九不離十會罹患憂鬱的相關症狀。

還記得前面章節提到表觀遺傳學相關的內容嗎？其實基因並不能完全決定一個人的命運，我們和周遭的環境的互動，特別是與人的互動方式，將會決定哪段基因打開或關閉，進而對我們的大腦產生深遠的影響。也就是說，即便家族裡有容易罹患憂鬱症的基因，我們仍然可以運用某些策略，讓那些帶有憂鬱的基因被抑制而無法表現。

失眠

調節睡眠的中樞，在腦內是位中腦的網狀結構（reticular formation）。這個系統最早由迪特爾（Dieter）所提出來，是由一些大小不等的神經細胞核交織而成的結構，可再分為上行系統及下行系統兩個部分。將延腦（medulla oblongata）和橋腦（pons）的資訊向下傳到脊髓稱之為下行網狀結構，和維持肌肉張力和心臟反射的作用有相關；將延腦和橋腦的資訊向上傳到整個大腦的稱之為上行網狀結構，和我們的注意力與警覺有相關。神經科學家將網狀結構與其連結稱為網狀活化系統（Reticular Activating System, RAS）。

在網狀結構的神經組織內，接受各種不同的訊號，經過判斷後決定了我們是睡是醒的狀態。一般來說，在快速動眼

期睡眠階段，藍斑核的正腎上腺素神經活性會下降，而位於中腦的乙醯膽鹼網狀結構系統的神經活性會上升。腦科學家已經證實，我們白天新經驗學習與記憶的加工處理，會在快速動眼期睡眠階段被完成；許多和身體修復功能有關的作用機制（例如為神經細胞清除一些白天所產生對神經細胞有害神經傳導物質），則會是在非快速動眼期睡眠階段被完成。

　　在快速動眼期的睡眠階段，眼部肌肉會快速轉動，但其他四肢的骨骼肌卻沒有辦法運動，身體會呈現癱瘓狀態。腦科學家認為這個睡眠階段，對於我們情緒與心理的整理，有很大的幫助。如果快速動眼期睡眠階段被打斷的話，會讓我們清醒時的記憶與情緒控制力下降。

　　睡得越久的人，醒來越容易陳述自己在晚上有做夢的經驗。原因是快速動眼期睡眠階段所做的夢，我們起床才會記得。而快速動眼期睡眠在整個睡眠周期中的出現，到了睡眠後半段會比較多，白話一點，就是做夢通常在睡眠的下半夜。由此可以，只睡6小時的人，睡眠的後半段只有3小時，相對於睡10小時的人，他的睡眠後半段就有5小時，所以睡眠時間越長，做夢的機會也就會越高。

　　你或許也會好奇，夢遊的時候，人會做出什麼樣的行為？一般來說，夢遊時只會出現站立、走路、舔東西、攻擊、性交等相對簡單不複雜的行為，發生的時間通常也只有維持某一段時間而已。原因是因為夢遊的發生是在非快速動眼期睡眠階段，在這個睡眠階段的腦，雖然前額葉皮質的功

能沒有被關閉，但相對於白天清醒時大腦的前額葉皮質功能，被激活的程度會比較低。因此，在中腦的神經細胞處於活躍，前額葉皮質沒有很給力的情況下，人在夢遊的時候，比較會受本能驅力的影響，出現判斷及控制不好的相關簡單行為。

　　睡眠階段，大腦還會清理白天神經活動所產生的有毒物質，此外，也會修剪神經細胞間的突觸連結。為何大腦的神經細胞間的突觸連結需要修剪呢？大腦在白天不斷地接受訊息，由於訊息輸入的刺激，導致突觸會變多，體積也會變大。你可以想一下，如果大腦的突觸增加，沒有被修剪的話，我們的大腦就會不斷地膨脹，過度飽和。你也可以把這樣的現象，形容成資訊超載。另外，缺乏睡眠，會激活大腦中的微膠細胞。微膠細胞是大腦的清道夫，一旦被活化後，它會吞噬掉不需要或沒有的神經突觸。下次當你再聽到有人這麼說「半夜不睡覺，大腦會把自己的腦細胞吃掉。」雖然這句話有一點嚇人，但以腦科學的角度來說，是有那麼點科學論述的基礎。

　　失眠是年長者需要面臨的挑戰，平均來說，年長者的睡眠，不管在量或品質來說，都會比不上年輕人。這個情況，隨著年紀越大，越是明顯。隨著年齡的老化，會面臨的問題是深度睡眠的量會減少。50歲左右的我們，深度睡眠的時間會比青少年減少大約6-7成。到了70歲，甚至會減少8-9成。

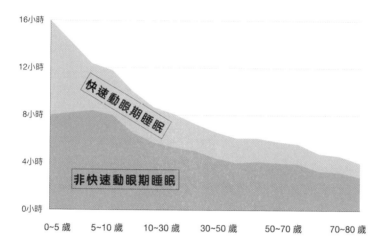

睡眠時間

16小時

12小時

8小時

4小時

0小時

快速動眼期睡眠

非快速動眼期睡眠

0~5歲　5~10歲　10~30歲　30~50歲　50~70歲　70~80歲

　　另外，隨著年紀變大，長者的睡眠也會變得比較破碎，睡眠的效率會變差，也就是說，在晚上睡眠期間，躺在床上沒有睡著的時間會變多。還有，老化也會使睡眠節律也會有所改變，造成年長者會提前想睡覺，當中的原因是因為褪黑激素的分泌提早來到高峰。

成癮

　　成癮的現象無所不在，沉迷於賭博、不可自拔的喝酒行為是一種情境，渴求於權力慾望的追求又是另一種情境。慾望（或好奇心）如同雙面刃，慾望（或好奇心）使用在合宜

的場域，對於文明的進步有許多的助益；如果慾望（或好奇心）使用在不合宜的場域，就會造成個人與社會的問題。一般來說，我們的文化對於「成癮」多多少少被看解讀為不好的事情、不好的習慣，甚至有羞恥的意涵。然而，如果你對成癮的腦科學多一些瞭解，可能對於成癮又會有另一種不同的看法。

不知道是否你過這樣的經驗，當你打開電腦準備開始工作，會不會在還沒有開始工作前就先瀏覽一下臉書？或是在等公車的時候，不知不覺手就伸進口袋，等你回神過來的時候，你已經滑手機一段時間了？沒錯，凡是能帶給我們大腦有好奇、愉悅感覺的行為，都有可能會變成我們的習慣動作，甚至還會造成上癮的可能。這都是因為我們的大腦本能地會讓我們在無聊的時候，促發我們去找尋新鮮刺激或是愉悅的感覺的東西（或行為）。

再舉個手機成癮的例子，活在現代的我們，可能更需要留意這個問題。比方說臉書成癮，打從我們在線上註冊臉帳戶開始，我們就開始不知不覺地喜歡上了網路世界中的社交活動。按讚、分享笑臉、瀏覽他人的新狀態，一開始的確會滿足我們大腦愉悅刺激的感覺。我們愛上了這些新資訊，無論在什麼時候、什麼地點，我們都很想打開手機瀏覽臉書一下。但久而久之，即便瀏覽臉書也不見得那麼有趣，甚至有無聊的感覺，我們還是會沒有辦法自控地做了上述的行為。

運動也會啟動愉悅的腦迴路，和食物、賭博、香菸、酒

精一樣會令人上癮。既然大腦出廠就有被設定了成癮的神經迴路，所以要判斷人活在這個世界上成功與否？或許可以從一個人沉迷於哪些行為的軌跡來做判斷。某種程度來說，那些社會上被歸類為所謂成功的人，只不過是他們成癮的行為模式是被社會大眾所認同的，比方說沉迷於股市分析成為百萬富翁、沉迷於打籃球變成NBA選手、沉迷於發表期刊論文晉升教授一職等。相反地，那些被社會歸類為失敗的人，他們的行為模式就不是那麼容易被一般人所接受，比方說沉迷於吸食大麻、沉迷於喝酒等。

大部分成癮行為形成之前，都會先有相關的刺激。刺激會帶來反應，特別是情緒上的反應，白話來說，就是會產生「爽」的感覺。「爽」的感覺有很多種，比方說體會到幸福感、感覺到壓力下降，甚至達到暫時逃離眼前困境的感受。假如大腦在刺激之後，不斷地出現尋找上述情緒感覺的衝動與行為，就是所謂的成癮。

成癮與習慣的養成，在大腦的神經迴路很相像，它們都有一個共通性，就是這些行為都會促使大腦腹側被蓋區到伏隔核負責獎賞機制的神經迴路被活化，特別是多巴胺分泌增加。當中的伏隔核，因為APMA接受器活性上調的關係，導致伏隔核會對成癮物質刺激所誘發釋放麩胺酸的反應增加。

我們對某個東西（或行為）成癮，不代表我們就喜歡這個東西（或行為）。成癮指的是我們不用某個東西或不做某個行為，我們就會感到很不舒服，甚至會變得焦慮、暴躁

情緒，也有可能會出現相關的生理症狀。當我們對某個東西（或行為）成癮的時候，那就意味著原本某個東西（或行為）已經不能帶給我們快樂的感覺，大腦被強迫著去進行某些行為，充其量只是讓我們不舒服的狀態變得比較一般而已，而不會是開心的感覺。

如果你還不是很清楚多巴胺在成癮行為中所扮演的角色，那麼Want（想要）與Like（喜歡）這兩個英文單字的差異，或許可以讓你有機會釐清多巴胺在成癮所扮演的角色為何。想要是一種渴望，喜歡是一種歡愉的感受。如果你有機會去詢問罹患酒癮的患者，你可能有機會聽到他們說「喝酒，也不怎麼快樂，但自己卻沒有辦法不去想。」也就是說，想要喝酒，其實不一定等同喜歡喝酒。賭博，又是另外一個很好的例子。一旦賭博上了癮，腦中的多巴胺會讓我們贏錢的渴求感，遠大於真實贏錢獲得的滿足感，導致誤導我們做出離譜的判斷。即便理智腦告訴自己十賭九輸，但在多巴胺作祟下，我們還是會誤以為下一把就能夠贏回大把鈔票。渴求的假象，足以讓我們繼續將家產敗光。結論是，我想要它，但我卻不喜歡它。多巴胺帶給我們的是飢渴感，而不是帶給我們滿足感。

想要和喜歡是兩種不同的狀態，相對於大腦的神經迴路來說，想要與喜歡也分別由兩條不同的神經迴路來掌控（Berridge & Robinson, 2016）。與想要有關的神經迴路腦區，牽涉到中腦的腹側被蓋區與紋狀體、伏隔核、前額葉皮

質等腦區；和喜歡有關的神經迴路腦區，則牽涉到橋腦、腹側蒼白球（ventral pallidum）、伏隔核、腦島、以及眶額葉皮質等腦區。

　　相對於一般非物質會導致成癮的愉悅行為（例如性行為、吃甜食等），面對成癮物質（例如香菸、酒精、安非他命、海洛因等）比較容易出現強迫行為。當中的原因是，雖然不管是物質或非物質的成癮，都是透過我們大腦中分泌多巴胺神經細胞的活化而產生成癮神經迴路的相關記憶。然而，在我們反覆獲得非物質愉悅行為自然的獎賞後，負責分泌多巴胺的神經細胞就會停止激活，對成癮行為的慾望就會消退。例如男性射精後，對於性行為的慾望就會顯著地下降。但是，物質的成癮，因為成癮物質還會殘存在我們的大腦中，導致負責分泌多巴胺的神經細胞還是會被持續激活，對成癮行為的慾望就無法獲得滿足而會持續一段時間。

　　在腦神經科學領域，有學者將成癮歷程分為三個階段，包括有使用期、戒斷期、以及渴求期（Koob & Volkow, 2016）。在成癮歷程第一階段的使用期，參與比較多的腦區是腹側被蓋區、伏隔核、背側紋狀體、蒼白球、以及丘腦等腦區。成癮物質會藉由強化腹側被蓋區投射到伏隔核的獎賞機制，然後參與背側紋狀體所掌控，經由刺激產生習慣反應的神經迴路機制。當中調節獎賞作用機制的主要物質，是多巴胺與類鴉片肽（opioid peptide）這兩種神經傳導物質。通常在這個階段，會讓成癮物質使用者持續使用物質的動

力，是會讓他們想要再次體驗快樂的感覺，是一種正增強。

　　在每一次使用非法物質的時候，大腦的腹側被蓋區及伏隔核多巴胺的分泌就會增加。之前的章節在介紹多巴胺神經傳導物質時有說明，多巴胺的功能和我們行為的渴望有很大的關聯，會讓我們愛上並期待下一次行為的發生。然而，隨著使用的次數越來越多，多巴胺越來越多的時候，我們的大腦會有讓這樣失衡的情況回復平衡的本能，獎賞中心會藉由抑制多巴胺的分泌來回復腦的平衡狀態。也就是說，原來使用的非法藥物的劑量，沒有辦法產生之前讓我們大腦感受到被獎賞相等的感受。於是，我們就需要服用更大量的非法藥物，才能獲得相同被獎賞的感覺。在精神醫學領域，這種現象被稱之為「耐受性」。

　　當大腦出現有耐受性的問題，成癮歷程便會來到第二階段的戒斷期。在戒斷期參與的腦區，會擴及到中央杏仁核、背外側杏仁核，以及終紋床核等腦區。因為有涉及到杏仁核的參與，就會讓成癮的患者在沒有使用成癮物質時，感到渾身不自在的戒斷相關症狀。處於戒斷期的人持續使用成癮物質的動力，和處成癮歷程第一階段的人不一樣，他們並不是因為了快樂喜歡的感覺才一再地使用成癮物質，相反的，成癮患者是為了擺脫戒斷不舒服的感覺（例如易怒、提不起勁、感覺不到快樂），才不得不使用成癮物質。心理學上，稱之為負增強的機制。

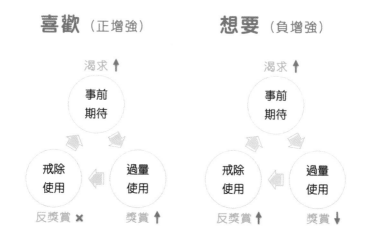

喜歡（正增強）　　　　想要（負增強）

渴求 ↑　　　　　　　　　渴求 ↑

事前
期待

事前
期待

戒除
使用

過量
使用

戒除
使用

過量
使用

反獎賞 ✕　　　獎賞 ↑　　　反獎賞 ↑　　　獎賞 ↓

　　當耐受性症狀出現時，就會變得比較麻煩了。一旦停止使用就會產生戒斷症狀，就會使人感受到非常不舒服。當中牽涉到與負增強有關的神經傳導物質，包括有促腎上腺皮質激素釋放因子（corticotropin-releasing factor）、正腎上腺素、以及代腦啡（dynorphin）（代腦啡是類鴉片肽的一種）。

　　長期慢性使用成癮物質的人，他們的腦袋瓜也會有實質結構的改變。一旦成癮患者受到壓力或接觸到與成癮相關的情境，他們的腦袋就會不自主地反覆出現渴求的念頭，這時候就來到了成癮歷程的第三階段渴求期。在這個階段除了涉及到杏仁核外，也會涉及到前額葉皮質、眶額葉皮質、海馬迴以及腦島等腦區。背外側杏仁核和情境的制約有關係，

只要周遭情境出現和成癮有相關的訊息，成癮患者就會自動勾引出海馬迴相關的記憶情境脈絡。成癮情境念頭的再現也會和成癮患者的主觀狀態有關，主觀的狀態牽涉到的腦區有眶額葉、前扣帶迴以及顳葉皮質等腦區。最後做出決定的是取決於前額葉皮質，它會綜合突發性與藥物相關情境脈絡再現、行為結果、價值判斷與主觀狀態等資訊，做出回應。到了渴求期階段成癮患者，一定要想方設法遠離暗示（和成癮有關的情境）及降低壓力，才有機會擺脫成癮行為的惡性循環。

重複持續使用成癮物質一段時間，將會使得我們大腦的神經突觸產生結構性的改變，使得成癮患者來到了第三階段渴求期。在渴求期階段的患者，很容易因為相關的情境，就會讓他們又勾起想使用成癮物質的念頭，精神醫學領域將這樣的現象稱之為過度敏感的現象。這種過敏的現象，帶給大腦的感覺並不是欣喜的感受，反而是一種追求成癮物質的渴求感。一般來說，一旦大腦出現過敏現象結構性神經突觸的改變，即便長期沒有接觸到成癮物質，成癮者在某種情境下，還是會不自主地被勾引出渴求成癮物質的衝動。

相關成癮腦科學研究的發現，過度敏感現象可能與大腦中的△Fos-B有關。在患者變成成癮的歷程中，伏隔核因成癮物質釋放多巴胺的過程中，也產生了CREB及△Fos-B的相關物質。△Fos-B在成癮的角色，有越來越重要的趨勢。如果說CREB會讓成癮者產生耐受性與依賴性，那△Fos-B就會

讓伏隔核對於非法藥物相關的誘發源產生神經過度敏感的現象，進而導致成癮的個案一旦接觸到任何和非法藥物相關直接或間接刺激的誘發源（例如：粉末、針頭、朋友、橡皮筋等），就會喚起成癮行為的相關聯想，出現情不自禁、身不由己的渴求心魔。因為△Fos-B這個蛋白質相對比較穩定，影響大腦的時間比較久，甚至也會影響獎賞系統神經細胞突觸結構發生改變，在臨床實務工作中，需要讓成癮個案瞭解，與成癮行為的對抗，可能需要的時間比他想像中還要長上許多。

在臨床實務工作上，我還會將第三階段渴求期再細分為兩種：一種是完全沒有經過大腦皮質的思辨，就又再次地使用成癮物質；另一種是雖然有經過大腦的思辨，但最後還是選擇再次使用成癮物質（Seif et al., 2013）。當中，腦島在成癮過程中所扮演的角色，有相當的不同。在完全沒有經過大腦皮質的思辨，就又再次地使用成癮物質的情況，成癮患者使用成癮物質的行為是自動化的，它不會主觀地被體驗為渴求，與使用成癮物質會有出現價值判斷，完全沒有關係。這種自動化使用成癮物質的行為動力，是來自刺激—反應的驅使。主要由大腦中的中央杏仁核發出訊息，藉由激活背側紋狀體，從而啟動與成癮相關的自動化認知與習慣動作的過程。這條路徑，並沒有經過前扣帶迴皮質、腦島、背外側前額葉以及腹內側前額葉皮質等相關大腦皮質的參與，也就不會出現有內心衝突的問題。

另外一條路徑，雖然有經過大腦的思辨，但最後還是選擇再次使用成癮物質的情況，成癮患者大腦中的前扣帶迴皮質會參與使用藥物認知與目標行爲檢視的過程。腦島會記住之前使用藥物的內在感知，背外側前額葉皮質會協助思考行爲的結果，腹內側前額葉皮質會預測行爲的價值判斷，再由前扣帶迴皮質進行內在衝突的處理。綜合上述認知與目標行爲檢視後，大腦皮質會在背外側杏仁核與腹側被蓋區投射到伏隔核這條動機神經迴路提供額外的訊息，影響成癮行爲想法與目標動作的形成。這條目標導向的行爲，會主觀體驗的渴求以使用成癮物質會有的價值判斷衝突矛盾的思考。

　　成癮的腦神經科學，其實是相當複雜的機制與歷程，每一種成癮物質讓人的感受也有很大的差異。比方說有些人抽香煙後會覺得焦慮減少，有放鬆的感覺，然而抽香煙的味道，對某些人來說，就又是那樣的避之唯恐不及。會不會成癮，也和個人的主觀感受有很大的相關。雖然性成癮、食物成癮、手機使用成癮、賭博成癮、物質成癮、運動成癮都是透過多巴胺的神經傳導物質分泌增加而產生成癮行爲，但是截至目前爲止，還是有許多關於成癮行爲的機制還沒有被瞭解得很清楚，比方說我們還不是很清楚，爲何吸食海洛因、或是抽香煙的人，他們開始使用到上癮的時間不需要太久，然而喝酒要達到上癮，有時卻需要5～10年的時間。

　　一個人容不容易成癮？有部分和個人的體質也有相關。有哪些人特別容易成癮？1980年代，勞勃・克林澤（Robert

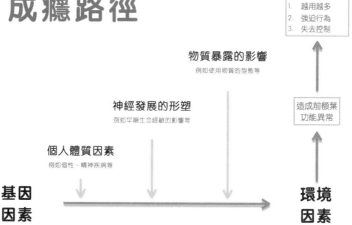

成癮路徑

出現成癮行為
1. 越用越多
2. 強迫行為
3. 失去控制

物質暴露的影響
例如使用物質的型態等

神經發展的形塑
例如早期生命經verse的影響等

個人體質因素
例如個性、精神疾病等

造成前額葉功能異常

基因
因素

環境
因素

Cloninger）教授，從腦科學觀點出發，提出了與成癮有關的性格特質。他認為有三種特質的人比較容易成癮，第一種是追求新奇，第二種是依賴獎賞，第三種是逃避傷害。這三種不同的特質，可以分別對應到不同的神經傳導物質，比方說追求新奇特質強烈的人，他大腦中的多巴胺神經傳導物質活性也會比較高；依賴獎賞特質強烈的人，腦中的正腎上腺素的活性應該是比較高；逃避傷害特質強烈的人，則和大腦中的血清素有關聯。假如血清素活性是低的話，就有可能會不顧後果讓成癮的行為繼續下去。

　　總的來說，一個人之所以會成癮，可能與先天存在脆弱體質有關（例如特殊的某些個性、罹患精神疾病等）。早

期生命經驗也扮演重要角色，因爲它對神經發展有很大的影響，形塑了一個人對周遭世界的看法。另外，使用物質的型態（例如物質的種類、使用的劑量/頻率/方式等），也會關係著一個人是否會成癮。基因與環境相互的影響，造成大腦前額葉皮質功能異常，最後讓人對成癮物質出現越用越多、強迫行爲以及失去控制的成癮相關問題。

失智

罹患失智的患者，他大腦的神經細胞往往會受到異常的斑塊（plaques）及神經纖維糾結（neurofibrillary tangles）侵害而受損，導致大腦會呈現萎縮的狀態。不同腦區在前後不同的時間發生萎縮，就會讓失智症的患者呈現出不同的症狀表徵。

失智的患者，大腦首先會出現的萎縮的腦區是在海馬迴皮質。不意外患者失智的早期，先會出現忘記時間的相關症狀，比方他會記不得早上吃過什麼東西而亂講一通。接下來會出現的萎縮的腦區是在頂葉皮質，頂葉皮質和空間感有關，患者在這個時候會出現的症狀就是會迷路，不知如何返家。最後，會出現的萎縮的腦區是在額葉皮質，特別是位於內側前額葉腦皮質的萎縮，會讓患者記不得自己的親人，嚴重者，甚至自己是誰都搞不清楚。失智症的患者，他的記憶就是這樣一步一步地消失。

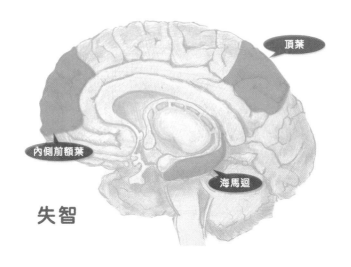

失智

　　閱讀完《當心理學遇到腦科學（一）：大腦如何感知這個世界》這本書後，相信你已經對大腦基本結構不陌生，也對自我意識、記憶與遺忘、早經生命經驗、壓力反應以及精神疾病等大腦功能的運作有了初步的瞭解。預計今年下半年出版的《當心理學遇到腦科學（二）：神經科學於教育與諮商的運用》，我將與大家介紹與分享臨床實務的相關運用，期待能協助你對健康生活、壓力因應、延緩老化、親職教養、精神疾病照護，以及神經心理教育與諮商的實務操作有更進一步的認識。

參考文獻

Atkinson, R. C., & Shiffrin, R. M. (1968). Human memory: A proposed system and its control processes. *In Psychology of learning and motivation* (Vol. 2, pp. 89-195): Elsevier.

Berridge, K. C., & Robinson, T. E. (2016). Liking, wanting, and the incentive-sensitization theory of addiction. *American Psychologist, 71*(8), 670.

Brown, W. H. (2000). " The Myth of the First Three Years: A New Understanding of Early Brain Development and Lifelong Learning," by John T. Bruer. Book Review. *Early Childhood Research Quarterly, 15*(2), 269-273.

Chabris, C., & Simons, D. (1999). Gorilla Experiment. *The Invisible Gorilla.*

Farb, N. A., Segal, Z. V., Mayberg, H., Bean, J., McKeon, D., Fatima, Z., & Anderson, A. K. (2007). Attending to the present: Mindfulness meditation reveals distinct neural modes of self-reference. *Social cognitive and affective neuroscience, 2*(4), 313-322.

Felitti, V. J., Anda, R. F., Nordenberg, D., Williamson, D. F., Spitz, A. M., Edwards, V., & Marks, J. S. (1998).

Relationship of childhood abuse and household dysfunction to many of the leading causes of death in adults: The Adverse Childhood Experiences (ACE) Study. *American journal of preventive medicine, 14*(4), 245-258.

Guastella, A. J., Mitchell, P. B., & Dadds, M. R. (2008). Oxytocin increases gaze to the eye region of human faces. *Biological psychiatry, 63*(1), 3-5.

Kaspar, K., Krapp, V., & König, P. (2015). Hand washing induces a clean slate effect in moral judgments: A pupillometry and eye-tracking study. *Scientific reports, 5*(1), 1-10.

Koob, G. F., & Volkow, N. D. (2016). Neurobiology of addiction: A neurocircuitry analysis. *The Lancet Psychiatry, 3*(8), 760-773.

Matthews, G. A., Nieh, E. H., Vander Weele, C. M., Halbert, S. A., Pradhan, R. V., Yosafat, A. S., ... Lacy, G. D. (2016). Dorsal raphe dopamine neurons represent the experience of social isolation. *Cell, 164*(4), 617-631.

Meaney, M. J., & Szyf, M. (2005). Environmental programming of stress responses through DNA methylation: Life at the interface between a dynamic environment and a fixed genome. *Dialogues in clinical neuroscience, 7*(2), 103.

Merzenich, M. M., Kaas, J., Wall, J., Nelson, R., Sur, M., & Felleman, D. (1983). Topographic reorganization of somatosensory cortical areas 3b and 1 in adult monkeys following restricted deafferentation. *Neuroscience, 8*(1), 33-55.

Pessoa, L. (2008). On the relationship between emotion and cognition. *Nature Reviews Neuroscience, 9*(2), 148-158.

Saive, A.L., Royet, J.P., & Plailly, J. (2014). A review on the neural bases of episodic odor memory: From laboratory-based to autobiographical approaches. *Frontiers in behavioral neuroscience, 8*, 240.

Seif, T., Chang, S.J., Simms, J. A., Gibb, S. L., Dadgar, J., Chen, B. T., … Bonci, A. (2013). Cortical activation of accumbens hyperpolarization-active NMDARs mediates aversion-resistant alcohol intake. *Nature neuroscience, 16*(8), 1094-1100.

Shore, R. (1997). Rethinking the brain: New insights into early development.

Taruffi, L., Pehrs, C., Skouras, S., & Koelsch, S. (2017). Effects of sad and happy music on mind-wandering and the default mode network. *Scientific reports, 7*(1),

1-10.

Tomova, L., Wang, K. L., Thompson, T., Matthews, G. A., Takahashi, A., Tye, K. M., & Saxe, R. (2020). Acute social isolation evokes midbrain craving responses similar to hunger. *Nature neuroscience, 23*(12), 1597-1605.

Trafton, A. (2017). Neuroscientists identify brain circuit necessary for memory formation. In: MIT News. Retrieved from http://news. mit. edu/2017/ neuroscientists-identify-brain-circuit-necessary-memory-formation-0406

Trost, W., Ethofer, T., Zentner, M., & Vuilleumier, P. (2012). Mapping aesthetic musical emotions in the brain. *Cerebral cortex, 22*(12), 2769-2783.

Ungerleider, L. G., & Pessoa, L. (2008). What and where pathways. *Scholarpedia, 3*(11), 5342.

Williams, K. D., & Jarvis, B. (2006). Cyberball: A program for use in research on interpersonal ostracism and acceptance. *Behavior research methods, 38*(1), 174-180.

Wu, W.L., Adame, M. D., Liou, C.W., Barlow, J. T., Lai, T.-T., Sharon, G., ... Tang, W. (2021). Microbiota regulate social behaviour via stress response neurons in the brain. *Nature, 595*(7867), 409-414.

國家圖書館出版品預行編目資料

當心理學遇到腦科學（一）大腦如何感知這個世
界／陳偉任 著. --初版.--臺中市：白象文化事業
有限公司，2023.1
　　面；　公分
ISBN 978-626-7189-81-8（平裝）
1.CST: 腦部　2.CST: 神經學　3.CST: 生理心理學
394.911　　　　　　　　　　　　　111017868

當心理學遇到腦科學（一）
大腦如何感知這個世界

作　　者　陳偉任
校　　對　陳偉任
插　　圖　李佳燕
發 行 人　張輝潭
出版發行　白象文化事業有限公司
　　　　　412台中市大里區科技路1號8樓之2（台中軟體園區）
　　　　　出版專線：（04）2496-5995　　傳真：（04）2496-9901
　　　　　401台中市東區和平街228巷44號（經銷部）
　　　　　購書專線：（04）2220-8589　　傳真：（04）2220-8505
專案主編　陳逸儒
出版編印　林榮威、陳逸儒、黃麗穎、水邊、陳媁婷、李婕
設計創意　張禮南、何佳諠
經紀企劃　張輝潭、徐錦淳、廖書湘
經銷推廣　李莉吟、莊博亞、劉育姍、林政泓
行銷宣傳　黃姿虹、沈若瑜
營運管理　林金郎、曾千熏
印　　刷　基盛印刷工場
初版一刷　2023年1月
定　　價　350元

缺頁或破損請寄回更換
本書內容不代表出版單位立場，版權歸作者所有，內容權責由作者自負

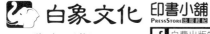

白象文化　印書小舖 PressStore　出版 · 經銷 · 宣傳 · 設計
www·ElephantWhite·com·tw　自費出版的領導者　購書 白象文化生活館